新世纪计算机基础教育丛书 | 丛书主编 谭浩强

计算机网络应用技术教程

（第三版）

吴功宜 吴英 编著

清华大学出版社

北京

内容提要

本书分为计算机网络基础知识、Internet应用知识、局域网组网知识、网络应用系统规划和设计知识等4个部分，在系统地介绍计算机网络的基本概念，广域网、局域网与城域网技术发展趋势，TCP/IP协议基本内容和特点的基础上，讨论了基于Web与基于P2P的网络应用，以及我国Internet应用发展的现状；讨论了局域网组网知识与Ethernet、高速局域网FE、GE与10GE的基本组网方法；介绍了典型网络操作系统、Internet接入与Internet基本应用的使用方法以及网络管理与网络安全技术；讨论了网络应用系统基本结构、网络应用系统设计与关键设备选型依据，以及网络应用系统安全设计的基本方法。

本书内容贴近网络技术最新发展，采用理论与应用技能相结合的方法，循序渐进地引导读者了解和掌握计算机网络应用的基本知识与技能。本书结构清晰，概念准确，语言流畅，涵盖了初学者需要掌握的基本知识点。本书可以作为计算机、软件工程、信息安全与电子信息等相关专业的学生的教材，也可供各类网络技术培训班使用，同时也能够适应从事计算机网络建设、应用与维护的各类人员学习网络应用技术的要求。

本书第3版的章节设计与内容的调整参考了教育部考试中心全国计算机等级考试四级"网络工程师"的考试大纲，通过本课程的学习将有助于学生参加相关的认证考试。

图书在版编目（CIP）数据

计算机网络应用技术教程 / 吴功宜，吴英编著．—3版．—北京：清华大学出版社，2009.1
（新世纪计算机基础教育丛书）
ISBN 978-7-302-18986-2

Ⅰ．计…　Ⅱ．①吴…　②吴…　Ⅲ．计算机网络－高等学校－教材　Ⅳ．TP393

中国版本图书馆CIP数据核字(2008)第186738号

责任编辑：焦　虹　徐跃进
封面设计：焦丽丽
责任印制：何　芊

出版发行：清华大学出版社　　**地　　址**：北京清华大学学研大厦A座
http://www.tup.com.cn　　**邮　　编**：100084
社　总　机：010-62770175　　**邮　　购**：010-62786544
投稿与读者服务：010-62776969，c-service@tup.tsinghua.edu.cn
质　量　反　馈：010-62772015，zhiliang@tup.tsinghua.edu.cn
印 刷 者：三河市春园印刷有限公司
装 订 者：三河市李旗庄少明装订厂
经　　销：全国新华书店
开　　本：185×260　　**印　张**：21.5　　**字　数**：494千字
版　　次：2009年1月第3版　　**印　次**：2009年1月第1次印刷
印　　数：1～5000
定　　价：29.00元

本书如存在文字不清、漏印、缺页、倒页、脱页等印装质量问题，请与清华大学出版社出版部联系调换。联系电话：010-62770177转3103　　产品编号：031681-01

丛书序言

Preface Preface Preface Preface

现代科学技术的飞速发展，改变了世界，也改变了人类的生活。作为新世纪的大学生，应当站在时代发展的前列，掌握现代科学技术知识，调整自己的知识结构和能力结构，以适应社会发展的要求。新世纪需要具有丰富的现代科学知识，能够独立完成面临的任务，充满活力，有创新意识的新型人才。

掌握计算机知识和应用，无疑是培养新型人才的一个重要环节。计算机技术已深入到人类生活的各个角落，与其他学科紧密结合，成为推动各学科飞速发展的有力催化剂。无论什么专业的学生，都必须具备计算机的基础知识和应用能力。计算机既是现代科学技术的结晶，又是大众化的工具。学习计算机知识，不仅能够掌握有关的知识，而且能培养人们的信息素养。它是高等学校全面素质教育中极为重要的一部分。

高校计算机基础教育应当遵循的理念是：面向应用需要；采用多种模式；启发自主学习；重视实践训练；加强创新意识；树立团队精神，培养信息素养。

计算机应用人才队伍由两部分人组成：一部分是计算机专业出身的计算机专业人才，他们是计算机应用人才队伍中的骨干力量；另一部分是各行各业中应用计算机的人员，这部分人一般并非计算机专业毕业，他们人数众多，既熟悉自己所从事的专业，又掌握计算机的应用知识，善于用计算机作为工具解决本领域中的任务，是计算机应用人才队伍中的基本力量。事实上，大部分应用软件都是由非计算机专业出身的计算机应用人员研制的。他们具有的这个优势是其他人难以代替的。从这个事实可以看到在非计算机专业中深入进行计算机教育的必要性。

非计算机专业中的计算机教育，无论目的、内容、教学体系、教材、教学方法等各方面都与计算机专业有很大的不同，绝不能照搬计算机专业的模式和做法。全国高等院校计算机基础教育研究会自1984年成立以来，始终不渝地探索高校计算机基础教育的特点和规律。2004年，全国高等院校计算机基础教育研究会与清华大学出版社共同推出了《中国高等院校计算机基础教育课程体系2004》(简称CFC2004)，2006年，又共同推出了《中国高等院校计算机基础教育课程体系2006》(简称CFC2004)

并由清华大学出版社正式出版发行。

1988年起，我们根据教学实际的需要，组织编写了《计算机基础教育丛书》，邀请有丰富教学经验的专家、学者先后编写了多种教材，由清华大学出版社出版。丛书出版后，迅速受到广大高校师生的欢迎，对高等学校的计算机基础教育起了积极的推动作用。广大读者反映这套教材定位准确，内容丰富，通俗易懂，符合大学生的特点。

1999年，根据新世纪的需要，在原有基础上组织出版了《新世纪计算机基础教育丛书》。由于内容符合需要，质量较高，被许多高校选为教材。丛书总发行量突破1000多万册，这在国内是罕见的。

最近，我们又对丛书做了进一步修订，根据发展的需要，增加了新的书目和内容。本丛书有以下特点：

(1) 内容新颖。根据21世纪的需要，重新确定丛书的内容，以符合计算机科学技术的发展和教学改革的要求。本丛书除保留了原丛书中经过实践考验且深受群众欢迎的优秀教材外，还编写了许多新的教材。在这些教材中反映了近年来迅速得到推广应用的一些计算机新技术，以后还将根据发展不断补充新的内容。

(2) 适合不同学校组织教学的需要。本丛书采用模块形式，提供了各种课程的教材，内容覆盖高校计算机基础教育的各个方面。既有供理工类专业用的，也有供文科和经济类专业用的；既有必修课的教材，也包括一些选修课的教材。各类学校都可以从中选择到合适的教材。

(3) 符合初学者的特点。本丛书针对初学者的特点，以应用为目的，以应用为出发点，强调实用性。本丛书的作者都是长期在第一线从事高校计算机基础教育的教师，对学生的基础、特点和认识规律有深入的研究，在教学实践中积累了丰富的经验。可以说，每一本教材都是他们长期教学经验的总结。在教材的写法上，既注意概念的严谨和清晰，又特别注意采用读者容易理解的方法阐明看似深奥难懂的问题，做到例题丰富，通俗易懂，便于自学。这一点是本丛书一个十分重要的特点。

(4) 采用多样化的形式。除了教材这一基本形式外，有些教材还配有习题解答和上机指导，并提供电子教案。

总之，本丛书的指导思想是内容新颖，概念清晰，实用性强，通俗易懂、教材配套，简单概括为“新颖、清晰、实用、通俗、配套”。我们经过多年实践形成的这一套行之有效的创作风格，相信会受到广大读者的欢迎。

本丛书多年来得到各方面人士的指导、支持和帮助，尤其是得到全国高等院校计算机基础教育研究会的各位专家和各高校的老师们的支持和帮助，我们在此表示由衷的感谢。

本丛书肯定有不足之处,竭诚希望得到广大读者的批评指正。

欢迎访问谭浩强网站：http：//www.tanhaoqiang.com

丛书主编

全国高等院校计算机基础教育研究会会长

谭 浩 强

计算机网络与Internet技术的研究、应用与产业发展已经对世界各国的经济、文化、教育、科研与社会发展产生了重大的影响，并且将在21世纪发挥更大的作用。如果以"日新月异"来形容计算机网络与Internet技术的发展还是比较贴切的。根据2008年7月中国互联网络信息中心CNNIC发布的第22次《中国互联网络发展状况统计报告》，截止到2008年6月底我国网民数量达到2.53亿，位居世界第一。我国国民经济的高速发展对计算机网络和Internet技术在各行各业的广泛应用提出了更高的要求。

Internet发展的初期只提供基本的网络服务功能，如TELNET、E-mail、FTP、BBS与Usenet等。由于Web技术的出现，Internet在电子政务、电子商务、远程医疗与远程教育等方面得到快速的发展，促进了基于Web技术的各种服务类型的出现。进入21世纪，在继续发展基于Web应用的基础上，基于P2P网络和基于无线网络的应用将Internet应用又推向一个新的更高的阶段，出现了一些新的基于Web、P2P网络和无线网络的应用，如搜索引擎、网络电话(VoIP)、网络电视(IPTV)、网络视频，以及博客(blog)、播客(podcast)、即时通信(IM)、网络游戏、网络广告、网络出版等新的服务，同时也给Internet产业与现代信息服务业增加了新的产业与经济增长点。

我国信息技术与信息产业的高速发展，需要大量掌握计算机网络的人才。因此计算机网络与Internet应用技术已经成为广大学生学习的一门重要课程。为了适应计算机网络课程学习的需要，作者根据多年教学与科研实践的经验，结合当前技术发展新的形势编写了本书的第3版，希望给广大读者提供一本既能保持教学的系统性，又能反映当前网络技术发展最新成果的教科书。

本书共11章，分为计算机网络基础知识、Internet应用知识、局域网组网知识、网络应用系统规划和设计知识等4个部分。

第一部分"计算机网络基础知识"对应第1～第4章。这部分内容系统地讨论了计算机网络与数据通信的基本概念，广域网、局域网与城域网技术发展趋势，TCP/IP协议基本内容和特点。

第二部分"Internet应用基础知识"对应第5章。这部分内容系统地讨论了我国 Internet 发展的现状，Internet 基本应用、基于 Web 的网络应用以及基于 P2P 与无线网络的应用。

第三部分"局域网组网与应用知识"对应第 6～第 10 章。这部分内容部分系统地讨论了 Ethernet 网物理层协议标准，网卡、集线器与交换机分类与特点，Ethernet 基本组网方法、高速局域网 FE、GE 与 10GE 的组网方法以及结构化布线技术。同时，系统地讨论了典型网络操作系统特点、Internet 接入、Internet 基本应用的使用方法以及网络管理与网络安全技术。

第四部分"网络应用系统规划和设计知识"对应第 11 章。这部分内容系统地讨论了网络应用系统基本结构、网络应用系统组建工程的阶段划分以及每个阶段的任务，网络应用系统设计总体目标、原则，关键设备选型依据，以及网络应用系统安全设计的基本方法。第四部分内容建议可以作为"选读"，教师可以根据学时与教学大纲要求来选择。

本书的特点是贴近计算机网络与 Internet 技术的最新发展，采用理论学习与应用技能培养相结合的方法，循序渐进地引导读者了解和掌握计算机网络应用的基本知识与技能。本书在编写过程中注意保持教学内容的系统性，以计算机网络基础知识与实际应用技能的培养为主线，对网络的组建、应用、管理的知识与技能进行了系统的讨论。在本书编写过程中，作者主要参考了最新的文献资料。在写作中，作者力求做到层次清晰，概念准确，语言简捷流畅，既便于读者循序渐进地系统学习，又能使读者了解到网络技术新的发展。

本书第三版的章节设计与内容调整参考了教育部考试中心全国计算机等级考试四级"网络工程师"的考试大纲，希望通过本课程的学习有助于学生参加相关的认证考试。

本书可以作为计算机、软件工程、信息安全与电子信息等相关专业的学生的教材，也可用于各类网络技术培训班，同时也适应从事网络建设、应用、维护与管理的各类人员学习网络与 Internet 技术学习的需要。

本书的第 1～第 3、第 11 章由吴功宜执笔完成，第 4～第 10 章由吴英执笔完成。本书在编写过程中得到了谭浩强教授、刘瑞挺教授的关心与帮助，同时也得到了徐敬东教授、张建忠教授的帮助，在此谨表衷心的感谢。

限于作者的学术水平，错误与不妥之处在所难免，敬请读者批评指正。

作者

wgy@nankai.edu.cn

wuying@nankai.edu.cn

2008 年 9 月于南开大学

目录

Contents Contents Contents Contents

第一部分 计算机网络基础知识

1 计算机网络概论

2 数据通信基本概念

3 广域网、局域网与城域网技术发展趋势

4 TCP/IP 协议

第二部分 Internet 应用基础知识

5 Internet 应用技术

第三部分 局域网组网与应用知识

6 局域网组网技术

7 典型网络操作系统的使用

8 Internet 的接入方法

9 Internet 基本使用方法

10 网络管理与网络安全技术

第四部分 网络应用系统的规划与设计知识*

11 网络应用系统总体规划方法*

第一部分　计算机网络基础知识

第1章　计算机网络概论

计算机网络是计算机技术与通信技术高度发展、相互渗透、紧密结合的产物。计算机网络与Internet技术的广泛应用对当今人类社会生活、科技、文化与经济发展产生了重大的影响。本章在介绍计算机网络的形成与发展过程的基础上，系统地讨论了计算机网络的定义、分类、拓扑构型、现代计算机网络的结构特点，以及我国Internet应用的发展。

1.1　计算机网络发展不同阶段的特点

计算机网络技术经过几十年的研究与应用已经形成了自身比较完善的体系、成熟的技术与研究方法。从时间的角度看，计算机网络的发展可以大致划分为“四个发展阶段”；从技术分类角度，计算机网络技术有“三条发展主线”，可以按照“四个发展阶段”与“三条发展主线”的思路来讨论计算机网络的基本概念、理论与研究方法。

1.1.1　计算机网络发展的四个阶段

计算机网络是计算机与通信技术紧密结合所产生的一门技术，而Internet是计算机网络最重要的应用。计算机网络的发展过程大致可以划分为4个阶段。

1. 第一阶段：计算机网络技术与理论的准备阶段

第一阶段可以追溯到20世纪50年代。这一阶段的特点与标志性成果主要表现在以下两个方面：

(1) 数据通信技术研究与技术的日趋成熟，为计算机网络的形成奠定技术基础；

(2) 分组交换概念的提出为计算机网络的研究奠定了理论基础，也标志着现代电信时代的到来。

2. 第二阶段：计算机网络的形成

第二阶段是从20世纪60年代美国的ARPANET与分组交换技术开始。ARPANET是计算机网络技术发展中的一个里程碑，它的研究成果对促进网络技术发展和理论体系的形成发挥了重要作用，并为Internet的形成奠定了基础。这一阶段出现了3项标志性的成果：

(1) ARPANET的成功运行证明了分组交换理论的正确性；

(2) TCP/IP协议的成功为更大规模的网络互联打下了坚实的基础；

(3) DNS、E-mail、FTP、TELNET、BBS等应用为网络发展展现了美好的前景。

3. 第三阶段：网络体系结构的研究

第三阶段大致是从20世纪70年代中期开始。20世纪70年代中期国际上各种广域网、局域网与公用分组交换网发展很迅速，各计算机厂商纷纷发展各自的网络系统与制定各自的网络标准。如果不能推进网络协议与体系结构的标准化，那么之后的大规模网络互联将面临巨大的阻力。国际标准化组织（ISO）在推动"开放系统互连（open system interconnection，OSI）参考模型"与网络协议的研究方面做了大量的工作，但同时也面临着TCP/IP协议的严峻挑战。这一阶段研究成果的重要性主要表现在以下两个方面：

(1) OSI参考模型的研究对网络理论体系的形成与网络协议的标准化起到了重要的推动作用；

(2) TCP/IP协议完善它的体系结构研究，经受市场和用户的检验，吸引大量的投资，推动Internet产业的发展，成为业界事实上的标准。

4. 第四阶段：Internet应用技术、无线网络技术与网络安全技术研究的发展

第四阶段是从20世纪90年代开始。这个阶段最富有挑战性的话题是Internet应用技术、宽带网络技术、对等网络（peer-to-peer，P2P）技术、无线网络技术与网络安全技术。这个阶段的特点主要表现在以下几个方面：

(1) Internet作为国际性的网际网与大型信息系统，正在当今政治、经济、文化、科研、教育与社会生活等方面发挥越来越重要的作用；

(2) 宽带城域网已成为一个现代化城市重要的基础设施之一，接入网技术的发展扩大了用户计算机接入范围，促进了Internet应用的发展；

(3) 无线局域网与无线城域网技术日益成熟，已经进入工程化应用阶段。无线自组网、无线传感器网络的研究与应用受到高度重视；

(4) P2P网络的研究使得新的网络应用不断涌现，也为现代信息服务业带来了新的经济增长点；

(5) 随着网络应用的快速增长，新的网络安全问题不断出现，促使网络安全技术的研究与应用进入高速发展阶段。网络安全的研究成果为Internet应用提供了重要安全保障。

1.1.2 计算机网络的形成与发展

1. ARPANET研究

1) ARPANET研究的背景

世界上第一台电子数字计算机ENIAC出现在1946年，但是通信技术的发展要比计算机技术早很长时间。回顾通信技术的发展，可以追溯到19世纪。1837年莫尔斯发明了电报；1876年贝尔发明了电话；1876年马可尼发明了无线电通信。所有这些发明都为现代通信技术奠定了基础。但是，在很长的一段时间中通信技术与计算机技术之间并没有直接联系，处于各自独立发展的阶段。当计算机技术与通信技术都发展到一定程度，并且社会上出现了新的需求时，人们就会产生将两项技术交叉融合的想法。计算机网络就是计算机技术与通信技术高度发展、密切结合的产物。

20世纪50年代初，由于美国军方的需要，美国半自动地面防空（SAGE）系统将远程雷达信号、机场与防空部队的信息，通过无线、有线线路与卫星信道将数据传送到位于美国本土的一台IBM计算机进行运算。通信线路的总长度超过了241万公里。这项研究开始了计算机技术与通信技术结合的尝试。随着美国半自动地面防空系统的实现，美国军方又考虑将分布在不同地理位置的多台计算机通过通信线路连接成计算机网络的需求。

20世纪60年代中期，世界正处于“冷战”高潮时期。1957年10月，前苏联发射了第一颗人造卫星Sputnik，美国朝野为之震惊。他们的第一反应是成立一个专门的国防研究机构，即美国国防部高级研究计划署(Advanced Research Projects Agency，ARPA)。由于它是美国国防部的一个机构，因此它的英文缩写是DARPA，其中D(Defense)表示美国国防部。DARPA是一个科研管理机构，它没有实验室与科学家，只是通过签订合同和发放许可的方式，选择一些大学、研究机构和公司为该机构服务。

在与前苏联的军事力量竞争中，美国军方认为需要一个专门用于传输军事命令与控制信息的网络。因为当时美国军方的通信主要依靠电话交换网，但是电话交换网是相当脆弱的。由于电话交换网是以每个电话交换局为中心组成的星-星结构，从而形成一个覆盖全国的层次型结构的电话通信系统，因此电话交换网的一个中继线路或交换机的损坏，尤其是几个关键长途电话局遭到破坏，就有可能导致整个电话通信的中断。他们希望这种网络在遭遇核战争或自然灾害后，在部分网络设备或通信线路遭到破坏的情况下，网络系统仍然能利用剩余的网络设备与通信线路继续工作，这个网络也被称为“可生存系统”。这种要求是传统的通信线路与电话交换网所无法实现的。针对这种情况，美国国防部开始着手进行新的通信网络技术的研究工作。

1948年5月兰德(RAND)公司成立，它是美国政府在第二次世界大战后成立的一个知名的战略研究机构。当时兰德公司的研究工作重点是冷战时期的军事战略问题。1960年美国国防部授权兰德公司寻找一种有效的通信网络解决方案。

兰德公司的研究人员建议在新的通信系统中采用数字的分组交换技术。他们想象的是一个网状结构、分布式控制的计算机网络，两台不直接连接的计算机之间的通信需要通过中间节点转发。要传输的数据预先把它分成多个短的数据分组。每个中间节点都可以独立地为分组进行路由选择。这些中间节点可以使用“存储转发”方法，在路由选择中采用“热土豆路由选择算法”和“动态路由算法”。

当时设想的分组交换网工作过程是：当分组交换网中一个节点接收到一个分组时，首先接收、存储，然后进行处理。“热土豆”路由算法的基本设计思想很好理解。这就像一个人的手接到一个“烫手”的热土豆时，他的本能反应是立即扔出去。网络中的中间节点处理转发的数据分组时，也可以采取类似处理“热土豆”的方法，一旦接收到需要转发的数据分组就以最快的速度转发出去。与此同时还需要设计一种“动态路由算法”。当一个中间节点或链路出现故障时，它的相邻节点可以通过一种“动态路由算法”来根据当前情况决定分组的路由，可以绕道而行，最终完成分组的传输。这样就可以通过分组交换网的中间节点计算机来快速完成这些任务，将分组按照当前最适宜的路径传送到目的节点。分组交换(packet switching)的设计思想为计算机网络的研究指出了正确的方向。

2) ARPANET设计思想

1967年DARPA将注意力转移到计算机网络技术上。DARPA提出一种广域网ARPANET的设计任务。与传统的通信网络不同，ARPANET不是传输电话的模拟语音信号，而是传输计算机的数字数据信号。网络可以连接不同型号的计算机；网络中所有的节点都是同等重要的；网络必须有冗余的路由；网络结构必须简单，但是要保证正确地传输数据。

根据 DARPA 提出的设计要求，ARPANET 在总体方案中采取了分组交换的思想。ARPANET 分为通信子网与资源子网两个部分。通信子网的报文存储转发节点由一些小型机组成，这些小型机称为接口报文处理器（interface message processors，IMP）。它们通过速率 56Kbps 的传输线路连接起来。为了保证高度可靠性，每个 IMP 都至少连接到两个其他的 IMP，如果有一些线路或 IMP 被毁坏，仍然可以通过其他路径，自动地完成分组的转发。IMP 就是今天大量使用的路由器的雏形。最初实验网络的每个节点都有一台接口报文处理器和一台主机放在同一个房间中，通过一条很短的电缆连接起来。接口报文处理器把报文分成长度为 1008 比特的分组，再分别将这些分组向下一个节点转发。每个分组必须正确的到达一个节点后才能继续转发，直到目的节点。图 1-1 给出了通信子网的结构原理示意图。

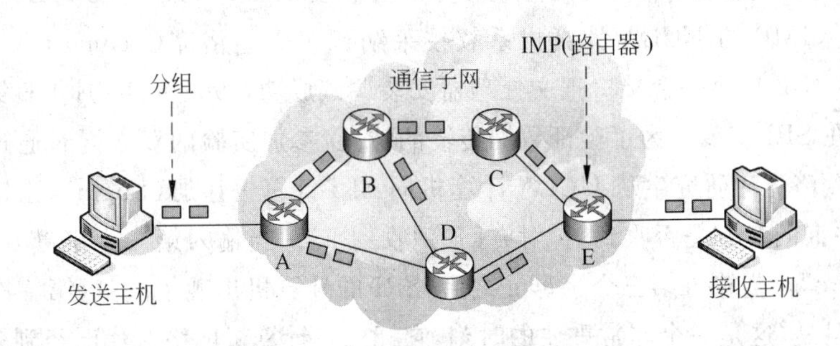

图 1-1　通信子网结构原理示意图

3) ARPANET 研究过程

DARPA 以招标的方式来建立通信子网，一共有 12 家公司参与了竞标。在评估了所有的候选公司后，DARPA 选择了 BBN 公司。BBN 公司在通信子网的组建中，选择了 DDP316 小型机(内存为 16 位、12KB)作为接口报文处理器，这些小型机都是经过特殊改进的。由于考虑到计算机系统的可靠性，接口报文处理器没有采用外接磁盘系统。出于经济上的原因，当时通信线路租用电话公司的 56Kbps 线路。

在完成网络结构与硬件设计后，一个重要的问题是需要开发软件。1969 年夏季在美国犹他州召集网络研究人员会议，参加会议的大多数是研究生。研究生们希望像完成其他编程任务一样，有网络专家向他们解释网络的设计方案与需要编写的软件，然后分配给每人一个具体的软件编程任务。当他们发现那里没有网络专家，也没有完整的设计方案时很吃惊，他们必须自己想办法找到自己该做的事情。

1969 年 12 月，一个包含四个节点的实验网络开始运行。这 4 个节点是加州大学洛杉矶分校（UCLA）、加州大学伯克利分校（UCSB）、斯坦福研究院（SRI）和犹他大学（University Utah）等 4 所大学。选择这 4 所大学是由于它们都与 DARPA 签订了合同，而且都有很多不同类型并且完全不兼容的主机。图 1-2 给出了 ARPANET 最初的 4 个节点的结构图。节点 1（UCLA）在 1969 年 9 月 2 日接入；节点 2（SRI）在 1969 年 10 月 1 日接入；节点 3（UCSB）在 1969 年 11 月 1 日接入；节点 4（University Utah）在 1969 年 12 月接入。

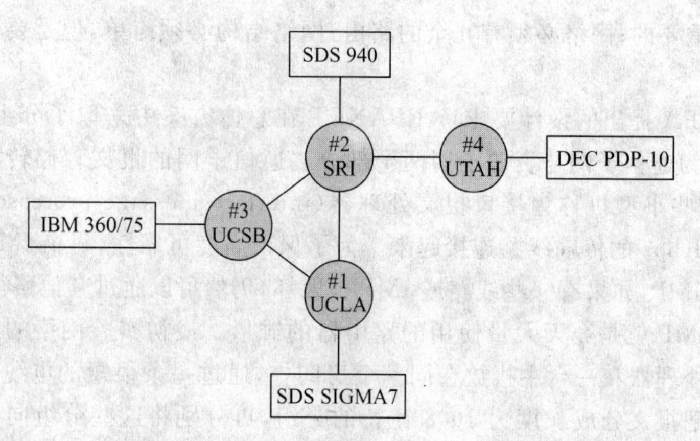

图 1-2 ARPANET 最早的四个节点的结构

第一台 IMP 安装在 UCLA，其他 3 台分别安装在 UCSB、SRI 与 UTAH。据当时负责安装第一台 IMP 的 UCLA 计算机系教授莱纳德·克兰洛克(Leonard Kleinrock)回忆，1969 年 9 月 2 日第一台接口报文处理器安装调试成功，1969 年 10 月 1 日第二台接口报文处理器在 SRI 安装。为了验证数据传输的情况，参加实验的双方同时通过电话来相互联络。克兰洛克让研究生从 UCLA 计算机向 SRI 计算机注册(Login)，当输入第一个字母 L 时，并询问对方是否收到时，对方回答"收到 L"。当输入第二个字母 o 时，对方的回答是"收到 o"。当输入第三个字母 g 之后，SRI 的计算机出现了故障，第一次远程登录实验失败。但是，这是一个非常重要的时刻，它标志着计算机网络时代已经到来。

1969 年克兰洛克向新闻界发表谈话时说："一旦该网络建立并运行起来，将能够从家中和办公室访问计算机系统，就像我们获得电力或电话服务那样容易。"现在读到这段话时，读者会发现 1969 年克兰洛克的预见与现在研究的"无处不在的计算"、"普适计算"的概念是多么吻合。

从 1969 年到 1971 年，经过近两年对网络应用层协议的研究与开发，研究人员首先推出了远程登录(TELNET)服务。

1972 年，ARPANET 节点数增加到 15 个。随着英国伦敦的大学节点与挪威的皇家雷达研究所节点接入 ARPANET，使得 ARPANET 的节点数增加到 23 个，同时也标志着 ARPANET 已经国际化。

1972 年，出现了第一个用于网络的电子邮件 E-mail 应用程序，当时接入 ARPANET 的节点数大约在 40 个。1973 年，E-mail 的通信量已占到 ARPANET 总通信量的 3/4。随着更多的 IMP 被交付使用，ARPANET 网络快速增长起来，很快就扩展到了整个美国。

除了组建 ARPANET 之外，DARPA 还资助了卫星与无线分组网的研究工作。有一个著名的实验是：在美国加州一辆行驶的汽车上通过无线分组网向 SRI 发送数据，SRI 再将该数据通过 ARPANET 发送到东海岸，然后通过卫星通信系统将数据发送到伦敦的一所大学。这样，汽车中的研究人员就可以一边行驶，一边使用位于伦敦的计算机。这次实验的结果表明，当时 ARPANET 的通信协议只适用于单一网络的要求，不适用于多网络互联的运行环境，这就提出了下一代的网络控制协议的研究课题。

4) ARPANET 对推动网络技术发展的贡献

ARPANET 是一个典型的广域网系统，它的研究成果标志着分组交换概念的正确性，也展现了计算机网络广阔的应用前景。ARPANET 的研究对推动计算机网络理论与技术的发展起到了重要的作用。

ARPANET 是计算机网络技术发展的一个重要的里程碑，它对计算机网络理论与技术发展起到了重大的奠基作用。它的贡献主要表现在以下几个方面：

(1) 完成对计算机网络定义与分类方法的研究；

(2) 提出资源子网、通信子网的网络结构概念；

(3) 研究并实现分组交换方法；

(4) 完善层次型网络体系结构的模型与协议体系的概念；

(5) 开始 TCP/IP 模型、协议与网络互联技术的研究与应用。

到 1975 年，ARPANET 已经连入 100 多台主机，并且结束网络实验阶段，移交给美国国防部国防通信局正式运行。1983 年 1 月，ARPANET 向 TCP/IP 协议的转换全部结束。同时，美国国防部国防通信局将 ARPANET 分成两个独立的部分。一部分仍叫做 ARPANET，用于进一步的研究工作；另一部分稍大一些，成为著名的 MILNET，用于军方的非机密通信。

20 世纪 80 年代中期，随着连接到 ARPANET 的网络规模不断增大，ARPANET 成为 Internet 的主干网。1990 年，ARPANET 已经被新的网络所替代。虽然 ARPANET 目前已经退役，但是人们将会永远记住它，这是因为它对网络技术的发展产生了重要的影响。到目前为止，MILNET 仍然在运行。

20 世纪 70 年代到 20 世纪 80 年代，网络技术发展十分迅速，并且出现大量的计算机网络，仅美国国防部就资助建立了多个计算机网络。同时，还出现了一些研究试验性网络、公共服务网络和校园网。在这个阶段中，公用数据网与局域网技术发展迅速。

2. TCP/IP 协议研究与发展

1972 年，ARPANET 研究人员开始进行"网络互联项目"研究。他们希望将不同类型的网络互联起来，使不同类型的网络中的主机之间可以通信。网络互联需要克服异构网络在分组的长度、结构与分组头以及传输速率的差异。他们提出用一种称为网关(gateway)的设备实行网络的互联。实际上，当时提出的网关从功能上来说就是路由器(router)。

1977 年 10 月，ARPANET 实现与分组无线网络、分组卫星网络的互联。通过实验，他们决定将初期的 TCP 分成传输控制协议(transport control protocol，TCP)与 Internet 网络协议(internet protocol，IP)。IP 协议负责分组转发路由功能，而 TCP 协议则负责分布式进程通信的功能。TCP/IP 协议的成功促进了 Internet 的发展，Internet 的发展又进一步扩大了 TCP/IP 协议的应用范围。IBM、DEC 等大公司纷纷宣布支持 TCP/IP 协议，各种网络操作系统与大型数据库产品开始支持 TCP/IP 协议。随着 Internet 的广泛应用和高速发展，TCP/IP 协议与体系结构已成为业内公认的标准。

随着越来越多的网络接入 ARPANET，网络互联也变得越来越重要。为了鼓励采用 TCP/IP 协议，DARPA、BBN 公司与加州大学伯克利分校签订合同，希望将新的 TCP/IP 协议集成到 Berkeley UNIX 中。根据该项研究计划，伯克利分校的研究人员开发了一个方便的、专门用于连接网络的编程接口，并编写了很多应用程序、开发工具与管理程序，这些工作使得网络互联变得更容易。很多大学采用了 BSD UNIX，这项工作也促成 TCP/IP 协议的普及。伯克利分校开发了用于其 UNIX 系统的 TCP/IP 协议软件（UNIX BSD 4.1 与 BSD 4.2）与其他 UNIX 操作系统的命令调用方式很相似，因此受到广大 UNIX 用户的欢迎。同时，BSD UNIX 还提供了可以访问操作系统的编程接口的应用程序，使程序员可以方便地访问 TCP/IP 协议。同时，SUN 公司将 TCP/IP 协议引入了商业领域。

TCP/IP 协议的成功促进了 Internet 的发展，Internet 发展又进一步扩大 TCP/IP 协议的影响。IBM、DEC 等大公司纷纷宣布支持 TCP/IP 协议，各种网络操作系统与大型数据库产品开始支持 TCP/IP 协议。从 20 世纪 70 年代诞生以来，TCP/IP 协议经历了 20 多年的实践检验和不断完善的过程，并且成功地赢得了大量的用户和投资。

3. NSFNET 对 Internet 发展的影响

20 世纪 70 年代后期，美国国家科学基金会（NSF）认识到 ARPANET 对研究工作的重要影响。各国科学家可以利用 ARPANET 不受地理位置的限制共享数据，合作完成研究项目。但是，不是所有大学都有这样的机会，连入 ARPANET 的大学必须与美国国防部有合作研究项目。为了使更多的大学能够共享 ARPANET 的资源，NSF 计划建设一个虚拟网络，即计算机科学网（CSNET）。CSNET 的中心是一台 BBN 计算机，不能直接连入 ARPANET 的大学可以通过电话拨号与 BBN 计算机连接，通过这台 BBN 计算机作为网关，间接接入 ARPANET。1981 年 CSNET 连入 ARPANET，它连接了美国所有大学的计算机系。

接入 ARPANET 的主机数剧增促进了域名技术的发展。随着 TCP/IP 协议的标准化，ARPANET 的规模一直在不断扩大，不仅美国国内有很多网络与 ARPANET 相联，世界上很多国家也通过远程通信线路，采用 TCP/IP 协议将本地的计算机与网络接入 ARPANET。针对 TCP/IP 协议互联的主机数量急剧增加的情况，网络系统运行和对接入计算机的管理成为迫切需要解决的问题。在这种背景之下人们提出了域名系统（domain naming system，DNS）的概念和研究课题。域名系统 DNS 将接入到网络中的多个主机划分成不同的域，使用分布式数据库存储与主机命名相关的信息，通过域名来管理和组织 Internet 中的主机，使得在物理结构"无序"的 Internet 变成从逻辑结构上"有序"的、可管理的网络系统。

最初记录主机名与 IP 地址对应关系的是一个静态的文本文件 HOSTS。1982 年人们发现随着接入主机数量的增多，用简单的文本文件去记录所有联网的主机名与 IP 地址已越来越困难。1984 年，第一个 DNS 程序 JEEVES 开始使用。1988 年，BSD UNIX 4.3 推出了它的 DNS 程序 BIND。

1984 年，NSF 决定组建 NSFNET。NSFNET 的主干网连接美国 6 个超级计算机中心。NSFNET 的通信子网使用的硬件与 ARPANET 基本相同，采用的是 56Kbps 的通信线路。但是，NSFNET 的软件技术与 ARPANET 不同，它从开始就使用了 TCP/IP 协议，成为第一个使用 TCP/IP 协议的广域网。

NSFNET 采用的是一种层次型结构，分为主干网、地区网与校园网。各大学的主机接入校园网，校园网接入地区网，地区网接入主干网，主干网再通过高速通信线路与 ARPANET 连接。包括主干网与地区网在内的整个网络系统称为 NSFNET。连入校园网的主机用户可以通过 NSFNET，访问任何一个超级计算机中心的资源，访问与网络连接的数千所大学、研究实验室、图书馆与博物馆，用户之间相互交换信息、发送和接收电子邮件。

建成 NSFNET 的同时就出现了网络负荷过重的情况，因此 NSF 决定立即开始研究下一步发展问题。随着网络规模的继续扩大和应用的扩展，NSF 认识到政府已经不能继续从财政上支持这个网络。虽然有不少商业机构打算参与进来，但是 NSF 并不允许这个网络用于商业用途。在这种情况下，NSF 鼓励 MERIT、MCI 与 IBM 等 3 家公司组建一个非赢利性的公司运营 NSFNET。MERIT、MCI 与 IBM 3 家公司合作创建了 ANS 公司。1990 年 ANS 公司接管了 NSFNET，并在全美范围内组建了 T3 级的主干网，网络传输速率为 44.746Mbps。到 1991 年底，NSFNET 的全部主干网节点都与 T3 主干网连通。

在美国发展 NSFNET 的同时，其他国家与地区也在建设与 NSFNET 兼容的网络，例如欧洲为研究机构建立的 EBONE、Europa NET 等。当时，这两个网络都采用了 2Mbps 的通信线路与欧洲很多城市连接。欧洲每个国家都有一个或多个国家网，它们都与 NSFNET 的地区网兼容。这些网络为 Internet 的发展奠定了基础。

1991 年 NSF 只支付 NSFNET 通信费用的 10%，同时 NSF 开始放宽对 NSFNET 使用的限制，允许商业信息通过主干网传输。NSF 在 1995 年 4 月正式将 NSFNET 退役，将它作为研究项目回到科研网的位置。

图 1-3 给出了从 ARPANET 到 Internet 发展过程。

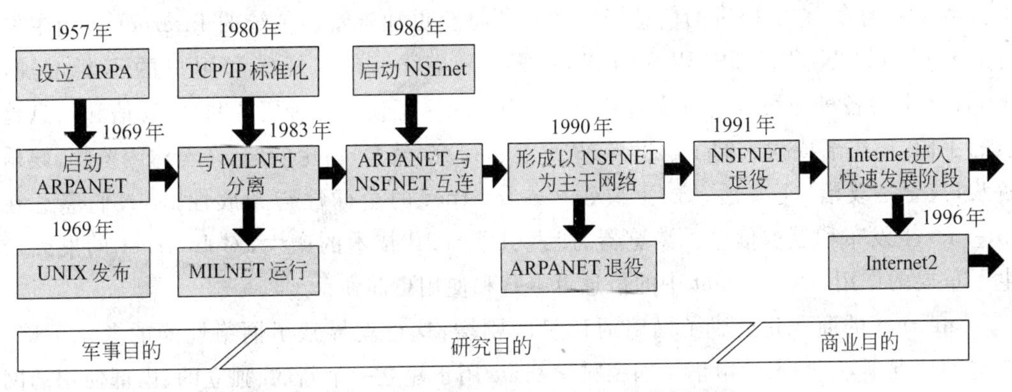

图 1-3　从 ARPANET 到 Internet 的发展过程

1995 年 4 月 NSF 和 MCI 开始合作建设高速主干网，主干网的传输速率从 622Mbps 提高到 4.8Gbps，用来代替原有的 NSFNET 主干网。

4. Internet 的形成

1983 年 1 月 TCP/IP 协议正式成为 ARPANET 的网络协议标准。此后大量的网络、主机与用户连入 ARPANET，使得 ARPANET 得到迅速发展。随着很多地区性网络连入 ARPANET，这个网络逐步扩展到其他国家与地区。很多现存的网络都已经连入 Internet，它们包括空间物理网（SPAN）、高能物理网（HEPNET）、IBM 的大型机网络与西欧的欧洲学术网等。20 世纪 80 年代中期，人们开始认识到这种大型 Internet 网络的作用。20 世纪 90 年代是 Internet 历史上发展的黄金时期，其用户数量以平均每年翻一番的速度增长。

Internet 的最初用户只限于科学研究和学术领域。20 世纪 90 年代初期，Internet 上的商业活动开始缓慢发展。1991 年美国成立了商业网络交换协会，允许在 Internet 上开展商务活动，各个公司逐渐意识到 Internet 在宣传产品、开展商业贸易活动上的价值，Internet 上的商业应用开始迅速发展，其用户数量已超出学术研究用户一倍以上。商业应用的推动使 Internet 的发展更加迅猛，规模不断扩大，用户不断增加，应用不断拓展，技术不断更新，使 Internet 几乎深入到社会生活的每个角落，成为一种全新的工作方式、学习方式和生活方式。

目前 ANS 公司建设的 ANSNET 是 Internet 主干网，其他国家或地区的主干网都通过 ANSNET 接入 Internet。家庭用户通过电话线连接到 Internet 服务提供商（Internet service provider，ISP）。办公室的计算机通过局域网接入校园网或企业网。局域网分布在各个建筑物内，连接各个系所与研究室的计算机。校园网、企业网通过专用通信线路与地区网络连接。校园网中的各种主机都是用户可以访问的重要资源。这些系统都通过校园网接入 Internet，供本校或其他大学用户访问。

从用户的角度来看，Internet 是一个全球范围的信息资源网，接入 Internet 的主机可以是信息服务的提供者，也可以是信息服务的使用者。Internet 代表着全球范围内无限增长的信息资源，是人类拥有的最大的知识宝库之一。随着 Internet 规模的扩大，网络与主机数量的增多，它能提供的信息资源与服务将会更加丰富。传统的 Internet 应用主要有 E-mail、TELNET、FTP、BBS 与 Web 等。随着 Internet 规模和用户的不断增加，Internet 上的各种应用也进一步得到开拓。Internet 不仅是一种资源共享、通信和信息检索的手段，还逐渐成为人们了解世界、从事学术研究、教育、讨论问题，乃至休闲购物、娱乐游戏，甚至是政治、军事活动的重要领域。Internet 的全球性与开放性，使人们愿意在 Internet 上发布和获取信息。浏览器、搜索引擎、P2P 技术的产生，对 Internet 的发展产生了重要的作用，使 Internet 中的信息更丰富和使用更简便。

Internet 的商业化造成了网络通信量的剧增，这也就导致了网络性能的急剧下降。在这种情况下，一些大学申请了国家科学基金，用于建立一个新的、独立的、内部使用的网络，相当于是供这些大学使用的专用 Internet。在 1996 年 10 月，这种想法以 Internet2 的形式付诸实施。Internet2 是高级 Internet 开发大学合作组（UCAID）的一个项目。UCAID 是一个非赢利组织，是由 NSF、美国能源部、110 多所大学和一些私人商业组织共同创建的。虽然 Internet2 可以连接到现在的 Internet，但它的宗旨是组建一个为其成员组织服务的专用网络。目前，Internet2 的数据传输速率可达 10Gbps。

1.1.3 Internet应用的高速发展

Internet已经成为全球最大的“网际网”，也是最有价值的信息资源宝库。Internet译成中文为“互联网”或“因特网”。Internet是通过路由器实现多个广域网、城域网和局域网互联的大型互联网络，它对推动世界科学、文化、经济和社会的发展有着不可估量的作用。对于广大用户来说，它好像是一个庞大的广域计算机网络。如果用户将自己的计算机接入Internet，他就可以在这个信息资源宝库中漫游。Internet中的信息资源几乎是应有尽有，涉及商业、金融、政府、医疗、科研、教育、信息服务、休闲娱乐等众多领域。

20世纪90年代，世界经济进入了一个全新的发展阶段。世界经济的发展推动着信息产业的发展，信息技术与网络应用已成为衡量21世纪综合国力与企业竞争力的重要标准。1993年9月美国公布了国家信息基础设施（National Information Infrastructure，NII）建设计划，NII被形象地称为信息高速公路。美国建设信息高速公路的计划触动了世界各国，各国开始认识到信息产业发展将对经济发展的重要作用，很多国家开始制定各自的信息高速公路建设计划。1995年2月全球信息基础设施委员会（Global Information Infrastructure Committee，GIIC）成立，目的是推动与协调各国信息技术与信息服务的发展与应用。在这种情况下，全球信息化的发展趋势已经不可逆转。

从用户的角度来看，Internet是一个全球范围的信息资源网，接入Internet的主机可以是信息服务提供者的服务器，也可以是信息服务使用者的客户机。Internet代表着全球范围内无限增长的信息资源，是人类拥有的最大的知识宝库之一。随着Internet规模的扩大，网络与主机数量的增多，它所能提供的信息资源与服务将更加丰富。正如尼尔·巴雷特在《信息国的状态》一书中所言：“要想预言Internet的发展，简直就像企图用弓箭追赶飞行中的子弹。在你每次用手指按动键盘同时，Internet就已经在不断变化。”

随着Internet规模和用户的不断增长，Internet中的各种应用也进一步得到开拓。Internet不再仅仅是一种资源共享、数据通信和信息查询的手段，还逐渐成为人们了解世界、讨论问题、购物休闲，乃至从事跨国学术研究、商贸活动、接受教育、结识朋友的重要途径。一些国家甚至利用Internet的覆盖面和影响力在政治领域传播其意识形态和行为方式。基于Web的电子商务、电子政务、远程医疗、远程教育，以及基于对等结构的P2P网络应用，使得Internet以超常规的速度发展。

1.2 计算机网络技术发展的三条主线

在按照时间顺序分析了计算机网络发展的“四个阶段”的基础上，可以根据技术分类的角度讨论计算机网络发展的“三条主线”。计算机网络技术发展的三条主线如图1-4所示。

网络技术发展的第一条主线是从ARPANET到Internet；第二条主线是从无线分组网（PRNET）到无线自组网（Ad hoc）与无线传感器网络（WSN）的无线网络技术；伴随着前两条主线同时发展的第三条主线是网络安全技术。

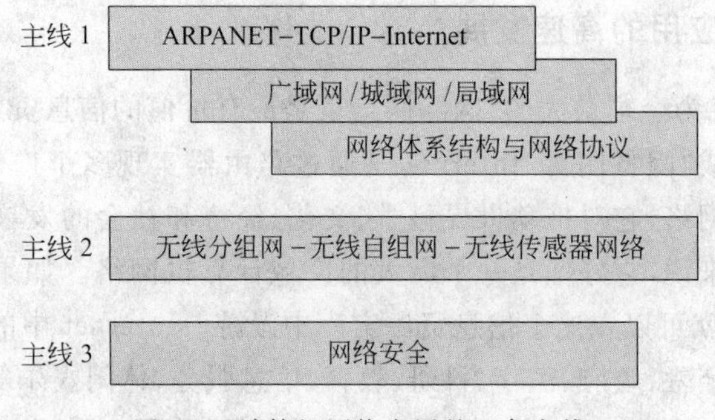

图 1-4　计算机网络发展的三条主线

1.2.1　第一条主线：从 ARPANET 到 Internet

在讨论第一条主线“Internet 发展”时，需要注意以下几个重要的特点：

(1) ARPANET 的研究奠定 Internet 发展的基础，而联系二者的是 TCP/IP 协议。在从 ARPANET 演变到 Internet 的过程中，强烈的社会需求促进了广域网、城域网与局域网技术的研究与应用的发展，而广域网、城域网与局域网技术的成熟与标准化，又加速了 Internet 的发展进程。

(2) TCP/IP 协议的研究与设计的成功，对 Internet 的快速发展起到了非常重要的推动作用。从发展趋势来看，今后除了计算机和个人手持设备(PDA)之外，手机、固定电话，以及家庭中的电视机、电冰箱、空调等各种家用电器也都会被分配自己的 IP 地址，它们都需要在基于 IP 协议的网络环境中工作。

(3) 与传统 Internet 应用系统基于客户机/服务器(client/sever)不同，对等网络(P2P)淡化服务提供者与服务使用者的界限，以“非中心化”的方式使得更多的用户同时身兼服务提供者与使用者的双重身份，从而达到进一步扩大网络资源共享范围和深度，提高网络资源利用率，达到信息共享最大化的目的，因此受到学术界与产业界的高度重视，被评价为“改变 Internet 的新一代网络技术”。新的基于 P2P 网络应用不断出现，成为 21 世纪网络应用重要的研究方向之一。

(4) 随着 Internet 的广泛应用，计算机网络、电信网络与有线电视网络从结构、技术到服务领域正在快速的融合，成为 21 世纪信息产业发展最具活力的领域。

1.2.2　第二条主线：从无线分组网到无线自组网、无线传感器网络

在讨论第二条主线“无线网络技术发展”时，需要注意以下几个重要的特点：

(1) 从是否需要具有基础设施的角度来看，无线网络可以分为两类：基于基础设施与无基础设施。IEEE 802.11 无线局域网(WLAN)与 IEEE 802.16 无线城域网(WiMax)属于基于基础设施的无线网络。无线自组网、无线传感器网络属于无基础设施的无线网络。

(2) 在无线分组网的基础上发展起来的无线自组网(Ad hoc)是一种特殊的自组织、对等式、多跳、无线移动网络，它在军事、特殊应用领域有着重要的应用前景。

(3) 当无线自组网技术日趋成熟的时候，无线通信、微电子、传感器技术也得到了快速发展。在军事领域中人们提出了将无线自组网与传感器技术结合起来的无线传感器网络技术的研究。无线传感器网络（wireless sensor network，WSN）可以用于对敌方兵力和装备的监控、战场的实时监视与目标的定位、战场评估、对核攻击和生物化学攻击的监测，并且在城市管理、医疗与环境保护等特殊领域都有着重要的应用前景。该研究一出现立即引起了政府、军队和研究部门的高度关注，被评价为"21 世纪最有影响的 21 项技术之一"和"改变世界的十大技术之首"。

(4) 无线网格网（wireless mesh network）是无线自组网在接入领域的一种应用。它将作为对无线局域网、无线城域网技术的补充，成为解决无线接入"最后一公里"问题的新的技术方案。

(5) 如果说广域网的作用是扩大信息社会中资源共享和利用的范围，局域网是进一步增强信息社会中资源共享的深度，无线网络增强了人类共享信息资源的灵活性，而无线传感器网络无线传感器网络将会改变人类与自然界的交互方式，它将极大地扩展现有网络的功能和人类认识世界的能力。

1.2.3 第三条主线：网络安全技术

在讨论第三条主线"网络安全"时，需要注意以下几个重要的特点：

(1) 人类创造网络虚拟社会的繁荣，也在制造网络虚拟社会的麻烦。网络安全是现实社会的安全问题在网络虚拟社会的反映。现实世界中真善美的东西，网络的虚拟社会都会有。同样，现实社会中丑陋的东西，网络的虚拟社会通常也有，只是迟早的问题，只是表现形式不一样。网络安全技术伴随着前两条主线发展，永远不会停止。

现实社会对网络技术依赖的程度越高，网络安全技术就越显得重要。网络安全是网络技术研究中一个永恒的主题。

(2) 网络安全技术的发展验证了"魔高一尺，道高一丈"的古老哲理。在"攻击—防御—新攻击—新防御"的循环中，网络攻击技术与网络反攻击技术相互影响、相互制约，共同发展、演变和进化着，这个过程将一直延续下去。目前网络攻击已从当初显示技艺高超、玩世不恭发展到经济利益驱动的有组织犯罪，甚至是恐怖活动。

正如现实世界危害人类健康的各种"病毒"一样，网络安全问题只会随着时间在演变，不可能灭绝。计算机病毒也会伴随着计算机与网络技术的发展而演变，不可能停止和灭绝。只要有人类存在，就一定会存在危害人类健康的病毒。只要有网络存在，计算机病毒就一定会存在。网络是传播计算机病毒的重要渠道。计算机病毒是计算机与网络永远的痛。

(3) 网络安全是一个系统的社会工程。网络安全的研究是一个涉及技术、管理、道德与法制环境等多个方面的问题。网络安全性是一个链条，它的可靠程度取决于链中最薄弱的环节。同时实行网络安全性是一个过程，而不是任何一个产品可以替代的。人们在加强网络安全技术研究的同时，必须加快网络法制的建设，加强人们网络法制观念与道德的教育。

(4) 从当前的发展趋势看，网络安全问题已经超出技术和传统意义上的计算机犯罪的范畴，已经发展成为国家之间的一种政治与军事的手段。每个国家只能立足于本国，研究网络安全技术、培养专门人才、发展网络安全产业，构筑本国的网络与信息安全保障体系。

1.3 计算机网络的定义与分类

1.3.1 计算机网络的定义

在计算机网络发展过程的不同阶段中，人们对计算机网络提出了不同的定义。不同的定义反映着当时网络技术发展的水平，以及人们对网络的认识程度。这些定义可以分为三类：广义的观点、资源共享的观点与用户透明性的观点。

从目前计算机网络的特点看，资源共享的观点的定义能比较准确地描述计算机网络的基本特征。相比之下，广义的观点定义了计算机通信网络，而用户透明性的观点定义了分布式计算机系统。

资源共享观点将计算机网络定义为“以能够相互共享资源的方式互联起来的自治计算机系统的集合”。

资源共享观点的定义符合目前计算机网络的基本特征，这主要表现在以下几个方面。

1. 计算机网络建立的主要目的是实现计算机资源的共享

计算机资源主要指计算机硬件、软件与数据。网络用户不但可以使用本地计算机资源、而且可以通过网络访问联网的远程计算机资源，还可以调用网中几台不同的计算机共同完成某项任务。

2. 互联的计算机是分布在不同地理位置的多台独立的“自治计算机”

互联的计算机之间可以没有明确的主从关系，每台计算机既可以联网工作，也可以脱离网络独立工作，联网计算机可以为本地用户提供服务，也可以为远程网络用户提供服务。

3. 联网计算机之间的通信必须遵循共同的网络协议

计算机网络是由多台计算机互联而成。网络中的计算机之间需要不断地交换数据。要保证网络中计算机能有条不紊地交换数据，就必须要求网络中的每台计算机在交换数据的过程中要遵守事先约定好的通信规则。

尽管网络技术与应用已经取得了很大的进展，新的技术不断涌现，但是对于计算机网络的定义仍然能够准确地描述现阶段计算机网络的基本特征。

1.3.2 计算机网络的分类

1. 计算机网络分类的基本方法

计算机网络分类的方法基本上有两种，一种是按照网络所采用的传输技术进行分类，另一种是按照网络所覆盖的地理范围进行分类。

1）按照网络所采用的传输技术进行分类

网络所采用的传输技术决定了网络的主要技术特点，因此根据网络所采用的传输技术对网络进行分类是一种很重要的方法。在通信技术中，通信信道的类型有两类：广播通信信道与点对点通信信道。在广播通信信道中，多个节点共享一个通信信道，一个节点广播信息，其他节点必须接收信息。而在点对点通信信道中，一条通信线路只能连接一对节点，如果两个节点之间没有直接连接的线路，那么它们只能通过中间节点转接。显然，网络要通过通信信道完成数据传输任务，网络所采用的传输技术也只可能有两类：广播方式与点对点方式。因此，相应的计算机网络也可以分为以下两类：广播式网络与点对点式网络。

在广播式网络中，所有联网计算机都共享一个公共通信信道。当一台计算机利用共享通信信道发送报文分组时，所有其他计算机都会"收听"到这个分组。由于发送的分组中带有目的地址与源地址，接收到该分组的计算机将检查目的地址是否是与本节点地址相同。如果被接收报文分组的目的地址与本节点地址相同，则接收该分组，否则丢弃该分组。显然，在广播式网络中，发送的报文分组的目的地址可以有3类：单一节点地址、多节点地址与广播地址。

与广播式网络相反，在点对点式网络中，每条物理线路连接一对计算机。假如两台计算机之间没有直接连接的线路，那么它们之间的分组传输就要通过中间节点的接收、存储与转发，直至目的节点。由于连接多台计算机之间的线路结构可能是复杂的，因此从源节点到目的节点可能存在多条路由。决定分组从通信子网的源节点到达目的节点的路由需要有路由选择算法。采用分组存储转发与路由选择机制是点对点式网络与广播式网络的重要区别之一。

2）按照网络的覆盖范围进行分类

计算机网络按照其覆盖的地理范围进行分类，可以很好地反映不同类型网络的技术特征。由于网络覆盖的地理范围不同，它们所采用的传输技术也就不同，因而形成了不同的网络技术特点与网络服务功能。

按覆盖的地理范围进行分类，计算机网络可以分为以下3类：局域网、城域网与广域网。

2. 局域网的基本特征

局域网（local area network，LAN）用于将有限范围内（如一个实验室、一幢大楼、一个校园）的各种计算机、终端与外部设备互联成网。局域网按照采用的技术、应用范围和协议标准的不同可以分为共享局域网与交换局域网。局域网技术发展迅速，应用日益广泛，是计算机网络中最活跃的领域之一。

3. 城域网的基本特征

城市地区网络常简称为城域网（metropolitan area network，MAN）。城域网是介于广域网与局域网之间的一种高速网络。城域网设计的目标是要满足几十公里范围内的大量企业、机关、公司的多个局域网互联的需求，以实现大量用户之间的数据、语音、图形与视频等多种信息的传输功能。随着 Internet 应用的发展，Internet 接入技术使得城域网在概念、技术与网络结构上都发生了非常大的变化，宽带城域网的概念逐渐取得了传统意义上的城域网的地位，是目前研究、应用与产业发展的一个重要的领域。

4. 广域网的基本特征

广域网（wide area network，WAN）也称为远程网。它所覆盖的地理范围从几十公里到几千公里。广域网覆盖一个国家、地区或横跨几个洲，形成国际性的远程网络。广域网的通信子网主要使用分组交换技术。广域网的通信子网可以利用公用分组交换网、卫星通信网和无线分组交换网，它将分布在不同地区的计算机系统互联起来，达到资源共享的目的。

5. 讨论

总结计算机网络的分类与特点，可以得出以下几点结论：

(1) 从网络技术发展历史的角度，最先出现的是广域网，然后是局域网，城域网的研究最初是融于局域网的研究范围之内的。在 Internet 大规模接入需求的推动下，接入网技术的发展导致宽带城域网的概念、技术、结构的演变与发展。

(2) 广域网、城域网与局域网区别主要表现在：设计的目标不同，覆盖的地理范围不同，核心技术与标准不同，组建与管理方式不同。由于局域网、城域网与广域网出现的年代、发展背景，以及各自的设计目标不同，因此它们各自形成了自己鲜明的技术特点。

(3) 如果说广域网的作用是扩大了信息资源共享的范围，局域网的作用是增加了资源共享的深度，那么城域网的作用则是方便了大量用户计算机接入到 Internet。

1.4 计算机网络的组成与结构

1.4.1 早期广域网组成与结构

从以上的讨论中可以看出，最初出现的计算机网络是广域网。广域网的设计目标是将分布在很大范围内的几台计算机互联起来。早期的主机系统主要是指大型机或中、小型机。用户是通过连接在主机上的终端去访问本地主机与广域网的远程主机的。

联网的主机有两个主要功能：一是为本地的用户提供服务；二是通信线路与 IMP 连接，完成网络通信功能。同样由通信线路与 IMP 组成的网络通信系统完成广域网中不同主机之间的数据传输任务。

计算机网络从逻辑功能上自然要分成两个部分：资源子网与通信子网。

资源子网由主机系统、终端、终端控制器、联网外设、各种软件资源与信息资源组成。资源子网负责全网的数据处理业务，向网络用户提供各种网络资源与网络服务。

通信子网由通信控制处理机、通信线路与其他通信设备组成。通信子网负责完成网络数据传输、路由与分组转发等通信处理任务。

1.4.2 Internet 组成与结构

随着 Internet 的广泛应用，用简单的两级结构的网络模型已经很难表述现代网络的结构。我们面对的 Internet 是一个由路由器将大量的广域网、城域网、局域网互联而成，结构在不断变化的网际网。图 1-5 给出了简化的 Internet 网络结构示意图。

国际或国家级主干网组成了 Internet 的主干网。大型的主干网可能有上千台分布在不同位置的路由器，通过光纤连接来提供高带宽。

大量用户通过 IEEE 802.3 标准的局域网、IEEE 802.11 标准的无线局域网、IEEE 802.16

标准的城域网、电话交换网(PSDN)、有线电视网(CATV)、无线自组网(Ad hoc)或无线传感器网络(WSN)接入本地的企业网或校园网。企业网或校园网通过路由器与光纤汇聚到地区级主干网。地区主干网通过城市 Internet 出口连接到国际或国家级主干网。

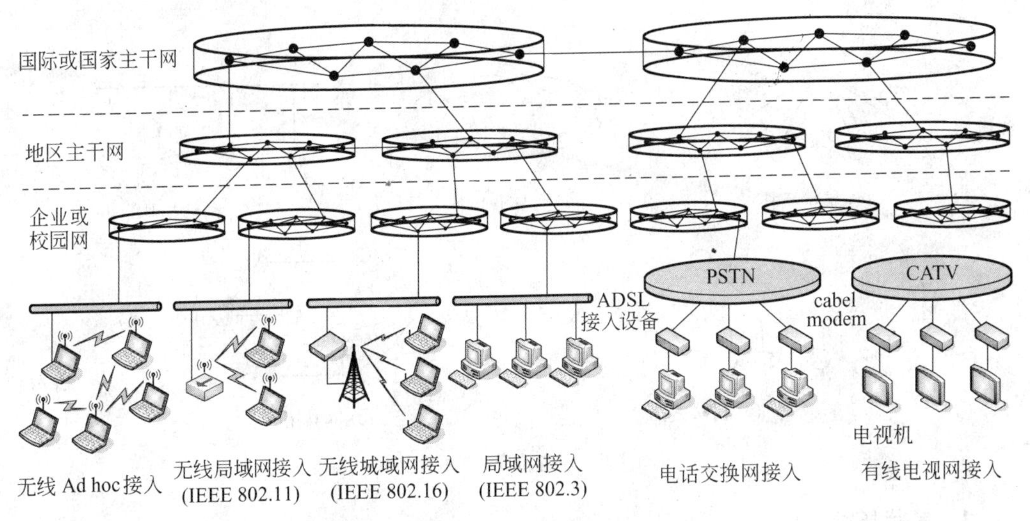

图 1-5　现代 Internet 网络结构示意图

国际、国家级主干网与地区主干网的大量的网络节点上连接有大量的服务器集群,为接入的用户提供各种 Internet 服务。

1.5　计算机网络的拓扑构型

无论 Internet 网络结构如何复杂,但是组成复杂网络的基本单元的结构具有一定的规律。计算机网络拓扑的研究可以帮助我们了解网络基本单元的结构类型与特点。

1.5.1　计算机网络拓扑的定义

计算机网络设计的第一步就是要解决在给定计算机的位置,以及保证一定的网络响应时间、吞吐量和可靠性的条件下,通过选择适当的线路、线路容量与连接方式,以便使整个网络的结构合理与成本低廉。为了应付复杂的网络结构设计,人们引入了网络拓扑的概念。

拓扑学是几何学的一个分支,它是从图论演变过来的。拓扑学首先把实体抽象成与其大小、形状无关的点,将连接实体的线路抽象成线,进而研究点、线、面之间的关系。计算机网络拓扑是通过网中节点与通信线路之间的几何关系表示网络结构,反映出网络中各实体间的结构关系。拓扑设计是建设计算机网络的第一步,也是实现各种网络协议的基础,它对网络性能、系统可靠性与通信费用都有重大影响。计算机网络拓扑主要是指通信子网的拓扑构型。

1.5.2 计算机网络拓扑的分类与特点

基本的网络拓扑可以分为 5 种：星状、环状、总线、树状与网状，其结构如图 1-6 所示。

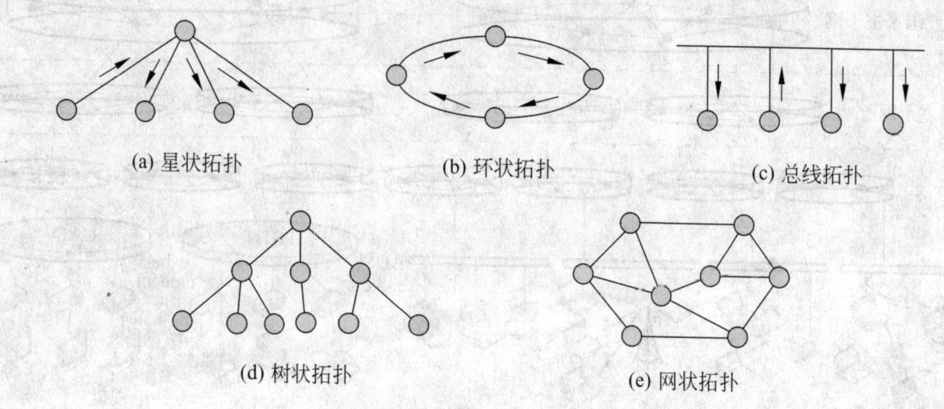

图 1-6　基本的网络拓扑构型

1. 星状拓扑

图 1-6(a)给出了星状拓扑的结构示意图。在星状拓扑构型中，节点通过点对点通信线路与中心节点连接。中心节点控制全网的通信，任何两节点之间的通信都要通过中心节点。星状拓扑结构简单，易于实现，便于管理。但是，网络的中心节点是全网可靠性的瓶颈，中心节点的故障可能造成全网瘫痪。

2. 环状拓扑

图 1-6(b)给出了环状拓扑的结构示意图。在环状拓扑构型中，节点通过点对点通信线路连接成闭合环路。环中数据将沿一个方向逐站传送。环状拓扑结构简单，传输延时确定，但是环中每个节点与连接节点之间的通信线路都会成为网络可靠性的瓶颈。环中任何一个节点出现线路故障，都可能造成网络瘫痪。为了保证环的正常工作，需要进行比较复杂的环维护处理。环节点的加入和撤出过程都比较复杂。

3. 总线拓扑

图 1-6(c)给出了总线拓扑的结构示意图。在总线拓扑结构中，所有的节点都连接在一条作为公共传输介质的总线上。所有节点都通过总线以广播方式发送和接收数据。当一个节点利用总线发送数据时，其他节点只能接受数据。如果有两个或两个以上的节点同时打算利用公共总线发送数据时，就会出现冲突，造成传输失败。总线拓扑结构的优点是结构简单，缺点是必须解决多节点访问总线的介质访问控制策略问题。

4. 树状拓扑

图 1-6(d)给出了树状拓扑的结构示意图。在树状拓扑构型中，节点按层次进行连接，信息交换主要在上、下节点之间进行，相邻及同层节点之间一般不进行数据交换或数据交换量小。树状拓扑可以看成是星状拓扑的一种扩展，树状拓扑网络适用于汇集信息的应用要求。

5. 网状拓扑

图 1-6(e)给出了网状拓扑的结构示意图。网状拓扑构型又称为无规则型。在网状拓扑构型中,节点之间的连接是任意的,没有规律。网状拓扑的主要优点是系统可靠性高。但是,网状拓扑的结构复杂,必须采用路由选择算法与流量控制方法。目前实际存在与使用的广域网结构,基本上都采用网状拓扑构型。

1.6 本章总结

本章主要讲述了以下内容:

(1) 计算机网络技术经过几十年的研究与应用已经形成了自身比较完善的体系、成熟的技术与研究方法。从时间的角度看,计算机网络的发展可以大致划分为"四个发展阶段";从技术分类角度,计算机网络技术有"三条发展主线"。

(2) 计算机网络的发展的过程大致可以划分为四个阶段。第一阶段为计算机网络技术与理论的准备阶段;第二阶段为计算机网络的形成;第三阶段是网络体系结构的研究;第四阶段是 Internet 应用技术、无线网络技术与网络安全技术研究的发展。

(3) 网络技术发展的第一条主线是从 ARPANET 到 Internet;第二条主线是从无线分组网(PRNET)到无线自组网(Ad hoc)与无线传感器网络(WSN)的无线网络技术;伴随着前两条主线同时发展的第三条主线是"网络安全"技术。

(4) Internet 应用的发展基本上可以分成 3 个阶段。第一阶段 Internet 只能够提供基本的网络服务功能。第二阶段是由于 Web 技术的出现,使得 Internet 在电子政务、电子商务、远程医疗与远程教育等方面得到了快速的发展。第三阶段的特点是:基于 P2P 网络的应用将 Internet 应用又推向了一个新的更高的阶段。

(5) 从资源共享观点来看,计算机网络是"以能够相互共享资源的方式互联起来的自治计算机系统的集合"。计算机网络按照它所覆盖的地理范围分为局域网、城域网与广域网 3 种类型。

(6) 计算机网络拓扑是通过网中节点与通信线路之间的几何关系表示网络结构。网络拓扑反映出网络中各实体间的结构关系。网络拓扑对网络性能、系统可靠性与通信费用都有重大影响。

本章习题

1. 单项选择题

1.1 在计算机网络发展过程中,________对计算机网络的形成与发展影响最大。

A. OCTOPUS　　B. ARPANET　　C. DATAPAC　　D. Newhall

1.2 目前的计算机网络的定义是从________的观点而来的。

A. 广义　　B. 狭义　　C. 资源共享　　D. 用户透明

1.3 在计算机网络中完成通信控制功能的计算机是________。

A. 通信控制处理机　　B. 通信线路

C. 主计算机　　　　　　　　　　D. 终端

1.4 目前,实际存在与使用的广域网基本都是采用________。

A. 总线拓扑　　B. 环状拓扑　　C. 星状拓扑　　D. 网状拓扑

1.5 ________是指用于一个单位或部门内部的有限地理范围内,将各种计算机与外设互联起来的网络。

A. 广域网　　B. 城域网　　C. 局域网　　D. 公用数据网

1.6 无线网络技术的发展经历了从 PRNET 到 Ad hoc 与________的过程。

A. VLAN　　B. WSN　　C. WMAN　　D. WiMax

1.7 以下关于 Internet 特征的描述中,错误的是________。

A. Internet 是一个由路由器将大量的广域网、城域网、局域网互联而成的网际网

B. Internet 的结构是不断变化的

C. 国际或国家级主干网的传输介质主要是卫星链路

D. 国家级与地区主干网连接有大量的服务器集群

1.8 以下关于环状拓扑构型特征的描述中,错误的是________。

A. 节点通过点对点通信线路连接成闭合环路

B. 环状拓扑结构简单

C. 环中数据将沿一个方向逐站传送

D. 环维护过程都比较简单

1.9 以下关于网状拓扑构型特征的描述中,错误的是________。

A. 网状拓扑构型中,节点之间的连接是任意的

B. 网状拓扑系统的可靠性高

C. 实际使用的局域网基本上都采用网状拓扑构型

D. 网状拓扑的结构必须采用路由选择算法与流量控制方法

1.10 以下关于总线拓扑构型特征的描述中,错误的是________。

A. 总线拓扑结构中所有节点都连接在一条作为公共传输介质的总线上

B. 当一个节点利用总线发送数据时,其他节点只能接收数据

C. 如果有两个或两个以上的节点同时利用公共总线发送数据时就会出现冲突

D. 在各种拓扑构型中,只有总线拓扑需要解决介质访问控制策略问题

2. 填空题

1.11 计算机网络是计算机与________技术紧密结合所产生的一门技术。

1.12 ________为计算机网络的研究奠定了理论基础。

1.13 ________参考模型的研究对网络理论体系的形成与网络协议的标准化起到重要的推动作用。

1.14 第四阶段是从 20 世纪 90 年代开始。这个阶段最富有挑战性的话题是 Internet 应用技术、宽带网络技术、________技术、无线网络技术与网络安全技术。

1.15 ARPANET 报文存储转发是由________实现的。

1.16 计算机网络定义是以能够相互________方式互联起来的自治计算机系统的集合。

1.17 计算机资源主要指计算机硬件、________与数据。

1.18 计算机网络拓扑是通过网中节点与通信线路之间的________关系表示网络结构。

1.19 网络所采用的传输技术有两类：________通信信道与点对点通信信道。

1.20 点对点式网络必须采用分组________与路由选择机制。

第 2 章　数据通信基本概念

数据通信是网络技术发展的基础。本章在介绍信息、数据、信号关系的基础上，系统地讨论数据传输的类型、基带传输与频带传输的基本概念、数据传输速率与误码率的概念，以及差错控制的基本方法。

2.1　数据通信的基本概念

2.1.1　信息、数据与信号

1. 信息

通信的目的是交换信息(information)，信息的载体可以是数字、文字、语音、图形或图像。计算机产生的信息一般是字母、数字、符号的组合。为了传送这些信息，首先要将每一个字母、数字或符号用二进制代码表示。数据通信是指在不同计算机之间传送表示字母、数字、符号的二进制代码 0、1 比特序列的过程。

数据通信最引人注目的发展是在 19 世纪中期。莫尔斯完成了电报系统的设计，他设计了用一系列点、划的组合表示字符方法，即莫尔斯电报码，并在 1844 年通过电线从华盛顿向巴尔的摩发送了第一条报文。1866 年，通过美国、法国之间贯穿大西洋的电缆，电报将世界上的不同国家连接起来。莫尔斯电报的重要性在于它提出了一个完整的数据通信方法，即包括数据通信设备与数据编码的完整的方法。莫尔斯电报系统的某些术语，例如传号(marker)、空号(space)，至今仍在使用。

2. 数据

莫尔斯电报码只适用于电报操作员手工发报，而不适用于机器的编码与解码。1870 年，法国人博多发明了适用于机器编码、解码的博多码。由于博多码采用 5 位信息码元(即 5 位 0、1 比特序列)，它只能产生 32 种可能的组合，这在用来表示 26 个字母、10 个十进制数字、标点符号与空格上是远远不够的。为了弥补这个缺陷，博多码不得不增加了两个转义字符。尽管博多码并不完善，但它在数据通信中几乎使用了半个世纪。在这之后，曾经出现了多种数据编码系统，但目前保留下来的只有以下三种：CCITT 的国际 5 单位字符编码，扩充的二、十进制交换码(EBCDIC 码)，以及美国标准信息交换码(ASCII 码)。

EBCDIC 是 IBM 公司为自己的产品所设计的一种标准编码，它用 8 位二进制比特代表了 256 个字符。

目前，应用最广泛的是美国信息交换标准编码 ASCII 码(American Standard Code for Information Interchange)。ASCII 码本来是一个信息交换编码的国家标准，但后来被国际标准化组织 ISO 接受，成为国际标准 ISO 646，又称为国际 5 号码。因此，它被用于计算机内码，也是数据通信中的编码标准。

表 2-1 列出了 ASCII 码的部分字符编码。ASCII 码采用 7 位二进制比特编码，可以表示 128 个字符。字符分为图形字符与控制字符两类。图形字符包括数字、字母、运算符号、商用符号等。例如，数字 5 的 ASCII 编码为 0110101、字母 A 的 ASCII 编码为 1000001。控制字符用于数据通信收发双方动作协调与信息格式表示。例如，控制字符 EOT（发送结束）的 ASCII 编码为 0000100。

表 2-1　ASCII 码的部分字符编码

字符	二进制码	字符	二进制码	字符	二进制码
0	0110000	A	1000001	SOH	0000001
1	0110001	B	1000010	STX	0000010
2	0110010	C	1000011	ETX	0000011
3	0110011	D	1000100	EOT	0000100
4	0110100	E	1000101	ENQ	0000101
5	0110101	F	1000110	ACK	0000110
6	0110110	G	1000111	NAK	0010101
7	0110111	H	1001000	ETB	0010111
8	0111000	I	1001001	SYN	0010110
9	0111001	J	1001010		

在表 2-1 中，二进制编码按高位到低位（$b_6\ b_5\ b_4\ b_3\ b_2\ b_1\ b_0$）的顺序排列，而 b_7 位一般用于字符的校验。那么，英文单词 NETWORK 的 ASCII 码编码的二进制比特序列（不考虑校验位）应该是"1001110 1000101 1010100 1010111 1001111 1010010 1001011"。如果从主机 *A* 将这样的二进制比特序列正确地传送到主机 *B*，并且主机 *A*、*B* 都使用 ASCII 编码，那么主机 *B* 就可以将接收的二进制比特序列解释为 NETWORK。因此，对于数据通信来说，被传输的二进制代码称之为"数据"（data）；数据是信息（information）的载体。数据涉及对事物的表示形式，信息涉及对数据所表示内容的解释。数据通信的任务就是正确地传输二进制的比特序列，而不需要解释代码所表示的内容。在数据通信中，人们习惯将被传输的二进制代码的 0、1 称为码元。

随着计算机技术的发展，多媒体（multimedia）技术得到了广泛应用。媒体（media）在计算机领域中有两种含义：一是指用以存储信息的实体，例如磁盘、光盘、磁带与半导体存储器；二是指信息的载体，例如数字、文字、语音、图形与图像。多媒体技术中的媒体是指后者。多媒体计算机技术就是要研究计算机交互式综合处理多种媒体信息（文本、图形、图像、视频与语音）。利用数字通信系统来实现多媒体信息的传输，是通信技术研究的重要内容之一。与文本、图形信息传输相比较，语音、图像信息传输的特点是：要求数据通信系统具有高速率与低延时的特性。很多分布式多媒体系统需要传输连续的音频或视频流。数字化后的音频、视频的数据量是很大的。分辨率为 640×480 的真彩色图像（像素分辨率为 24b），如果以每秒钟 25 帧的速度动态显示，则需要的通信系统的传输速率达到 184Mbps。Mbps 是数据传输速率单位，184Mbps 表示 1 秒钟传输 184×10^6 比特。因此，多媒体技术在网络中的应用，将对数据通信系统提出更高的要求。

3. 信号

对于计算机系统来说,它关心的是信息用什么样的编码体制表示出来。例如,如何用ASCII码表示字母、数字与符号,如何用双字节去表示汉字,如何表示图形、图像与语音。对于数据通信技术来说,它要研究的是如何将表示各类信息的二进制比特序列通过传输介质,在不同计算机之间进行传送的问题。

信号是数据在传输过程中的电信号的表示形式。电话线上传送的按照声音的强弱幅度连续变化的电信号称为模拟信号(analog signal)。模拟信号的信号电平是连续变化的,其波形如图 2-1(a)所示。计算机所产生的电信号是用两种不同的电平去表示 0、1 比特序列的电压脉冲信号,这种电信号称为数字信号(digital signal)。数字信号的波形如图 2-1(b)所示。按照在传输介质上传输的信号类型,可以相应地将通信系统分为模拟通信系统与数字通信系统两种。

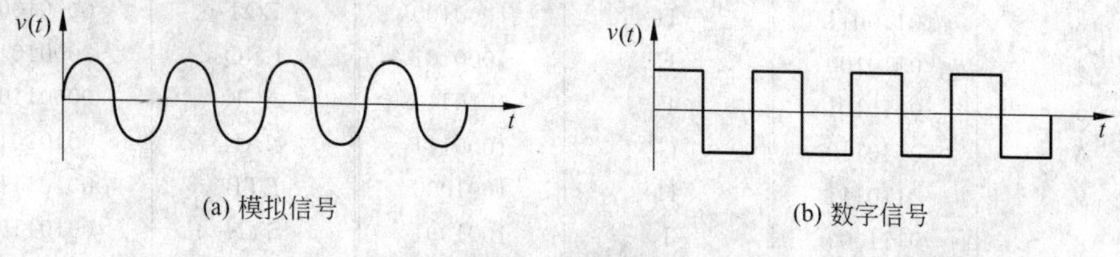

图 2-1　模拟信号与数字信号波形

2.1.2　数据传输类型与通信方式

图 2-2 给出了一个简化的两台计算机通过 Internet 通信过程的示意图。假设主机 A 与主机 B 通过由"路由器 A—路由器 E—路由器 D—路由器 B"组成的路由来传送数据,那么它们必须解决以下几个基本问题。

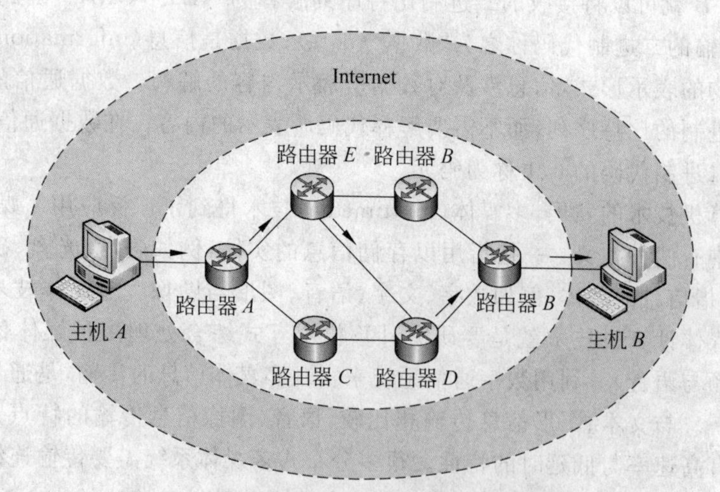

图 2-2　Internet 中的两台计算机的通信过程

1. 数据传输类型

由于路由器实际上是一台专门用于接收、转发数据分组的计算机,因此无论是从主机

A 到路由器 A，从路由器 A 到路由器 E，以及从路由器 B 到主机 B，从本质上说都属于两台计算机通过一条通信信道相互通信的问题。数据在计算机中是以离散的二进制数字信号表示，但是在数据通信过程中，它是以数字信号方式还是以模拟信号方式表示，这主要取决于选用的通信信道所允许传输的信号类型。

如果通信信道不允许直接传输计算机所产生的数字信号，就需要在发送端将数字信号变换成模拟信号通过模拟通信信道传输，在接收端再将模拟信号还原成数字信号，这个过程称为调制与解调。在数据通信系统中，完成调制与解调功能的设备称为调制解调器(modem)。如果通信信道允许直接传输计算机所产生的数字信号，为了很好的解决收发双方的同步与具体实现中的技术问题，也需要将数字信号进行波形变换。因此，在研究数据通信技术时，首先要讨论数据在传输过程中的表示方式与数据传输类型。

2. 数据通信方式

数据通信中第二个问题是数据通信方式问题。也就是说，在设计一个数据通信系统时，还要回答以下三个问题：

采用串行通信方式，还是采用并行通信方式？

采用单工通信方式，还是采用半双工或全双工通信方式？

采用同步通信方式，还是采用异步通信方式？

1) 串行通信与并行通信

数据通信按照字节使用的信道数，可以分为串行通信和并行通信两种类型。

在计算机中，通常是用 8 位的二进制代码来表示一个字符。在数据通信中，人们可以按图 2-3(a)所示的方式，将待传送的每个字符的二进制代码按由低位到高位的顺序，依次发送的方式称为串行通信。

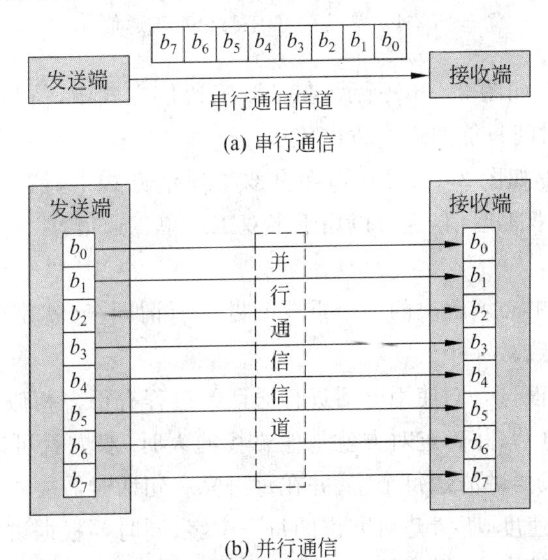

图 2-3　串行通信与并行通信

在数据通信中，人们也可以按图 2-3(b)所示的方式，将表示一个字符的 8 位二进制代码同时通过 8 条并行的通信信道发送出去，每次发送一个字符代码，这种工作方式称为并行通信。

显然，采用串行通信方式只需要在收发双方之间建立一条通信信道；采用并行通信方式，收发双方之间必须建立并行的多条通信信道。对于远程通信来说，在同样传输速率的情况下，并行通信在单位时间内所传送的码元数是串行通信的 n 倍（此例中 $n=8$）。由于需要建立多个通信信道，并行通信方式造价较高。因此，远程通信中通常采用串行通信方式。

2）单工、半双工与全双工通信

数据通信按照信号传送方向与时间的关系，可以分为单工通信、半双工通信与全双工通信三种。

（1）单工通信：如图 2-4(a)所示，在单工通信方式中，信号只能向一个方向传输，任何时候都不能改变信号的传送方向。单向信道只能进行单工通信。

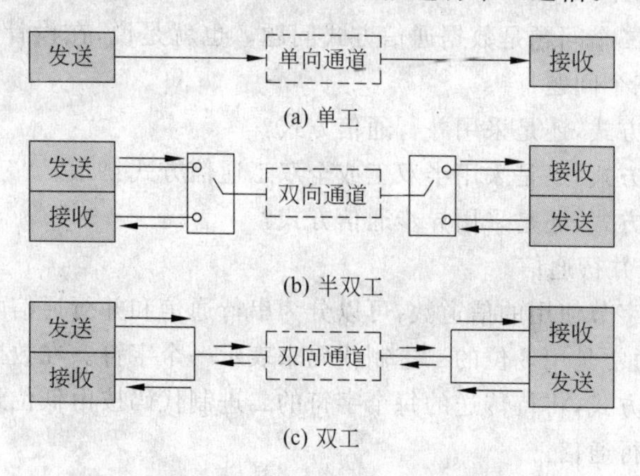

图 2-4　单工、半双工与全双工通信

（2）半双工通信：如图 2-4(b)所示，在半双工通信方式中，信号可以双向传送，但必须是交替进行，一个时间只能向一个方向传送。

（3）全双工通信：如图 2-4(c)所示，在全双工通信方式中，信号可以同时双向传送。双向信道可以用于全双工通信，也可以用于半双工或单工通信。

3）同步技术

同步是数字通信中必须解决的一个重要问题。所谓同步，就是要求通信的收发双方在时间基准上保持一致。

计算机的通信过程与人们使用电话进行通话的过程有很多相似之处。在正常的通话过程中，人们在拨通电话，并确定对方就是他要找的人时，双方就可以进入通话状态。在通话过程中，说话的人要讲清楚每个字，并在每讲完一句话时需要停顿一下。听话的人也要适应讲话人的说话速度，听清楚对方讲的每一个字；同时要根据讲话人的语气和停顿来判断一句话的开始与结束，这样才可能听懂对方所说的每句话。这就是人们在电话通信过程中需要解决的“同步”问题。如果在数据通信中收发双方同步不良，轻者会造成通信质量下降，严重时甚至会造成系统完全不能工作。

与人们通过电话进行通信的过程相似，在数据通信过程中，收发双方同样也要解决同步问题，只是问题更复杂一些。数据通信的同步包括以下两种。

(1) 位同步(bit synchronous)：数据通信的双方如果是两台计算机的话，那么两台计算机的时钟频率即使标称值都是相同的(如都是166MHz)，也一定存在着频率误差。因此，不同计算机的时钟频率肯定存在着差异。这种时钟频率的差异，将导致不同计算机的时钟周期的微小误差。尽管这种差异是微小的，但是在大量的数据的传输过程中，其累积误差足以造成传输错误。因此，在数据通信过程中，首先要解决收发双方的时钟频率的一致性问题。解决的基本方法是：要求接收端根据发送端发送数据的起止时间和时钟频率，来校正自己的时间基准与时钟频率。这个过程就叫做位同步。

实现位同步的方法主要有两种：外同步法与内同步法。

外同步法是在发送端发送一路数据信号的同时，另外发送一路同步时钟信号。接收端根据接收到的同步时钟信号来校正时间基准与时钟频率，实现收发双方的位同步。

内同步法则是从自含时钟编码的发送数据中提取同步时钟的方法。曼彻斯特编码与差分曼彻斯特编码都是自含时钟编码方法。这个问题将会在数据编码一节中进行讨论。

(2) 字符同步(character synchronous)：在解决比特同步问题后，第二步要解决的是字符同步问题。标准的ASCII字符是由8比特二进制0、1组成。发送端以8比特为一个字符单元来发送，接收端也以8比特的字符单元来接收。保证收发双方正确传输字符的过程就叫做字符同步。

实现字符同步的方法主要有以下两种：同步式(synchronous)与异步式(asynchronous)。

采用同步方式进行数据传输称为同步传输(asynchronous transmission)。同步传输将字符组织成组，以组为单位连续传送。每组字符之前加上一个或多个用于同步控制的同步字符SYN，每个数据字符内不加附加位。接收端接收到同步字符SYN后，根据SYN来确定数据字符的起始与终止，以实现同步传输的功能。同步传输的工作原理如图2-5所示。

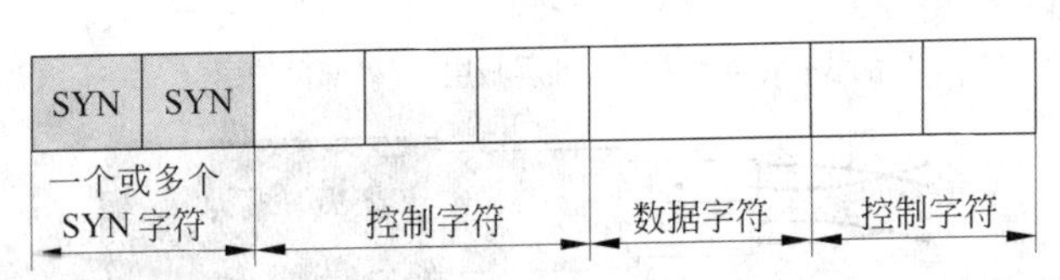

图2-5　同步传输的工作原理

采用异步方式进行数据传输称为异步传输(asynchronous transmission)。异步传输的特点是：每个字符作为一个独立的整体进行发送，字符之间的时间间隔可以是任意的。为了实现字符同步，每个字符的第一位前加1位起始位(逻辑“1”)，字符的最后一位后加1或2位终止位(逻辑“0”)。异步传输的比特流结构如图2-6所示。

在实际问题中，人们也将同步传输叫做同步通信，将异步传输叫做异步通信。同步通信的传输效率要比异步通信的传输效率高，因此同步通信方式更适用于高速数据传输。

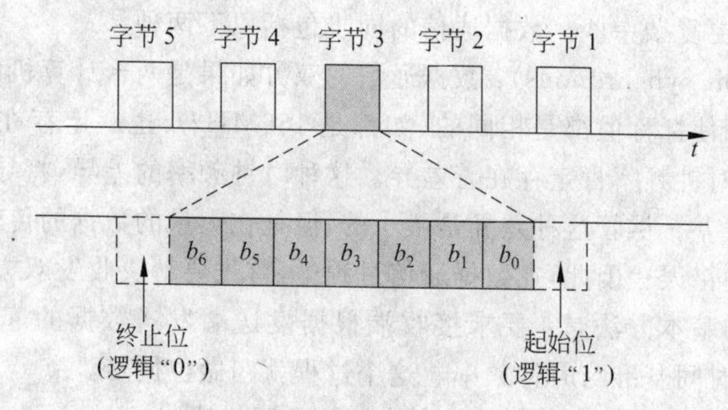

图 2-6　异步传输的比特流结构

2.2　传输介质

2.2.1　双绞线、同轴电缆与光纤

传输介质是网络中连接收发双方的物理通路，也是通信中实际传送信息的载体。网络中常用的传输介质有：双绞线、同轴电缆、光纤、无线与卫星通信信道。

1. 双绞线的主要特性

1）物理特性

双绞线是最常用的传输介质。双绞线由按规则螺旋结构排列的两根、四根或八根绝缘导线组成。一对线可以作为一条通信线路，各个线对螺旋排列的目的是为了使各线对之间的电磁干扰最小。局域网中所使用的双绞线分为两类：屏蔽双绞线（shielded twisted pair，STP）、非屏蔽双绞线（unshielded twisted pair，UTP）。屏蔽双绞线由外部保护层、屏蔽层与多对双绞线组成，其结构如图 2-7(a)所示。非屏蔽双绞线由外部保护层与多对双绞线组成，其结构如图 2-7(b)所示。

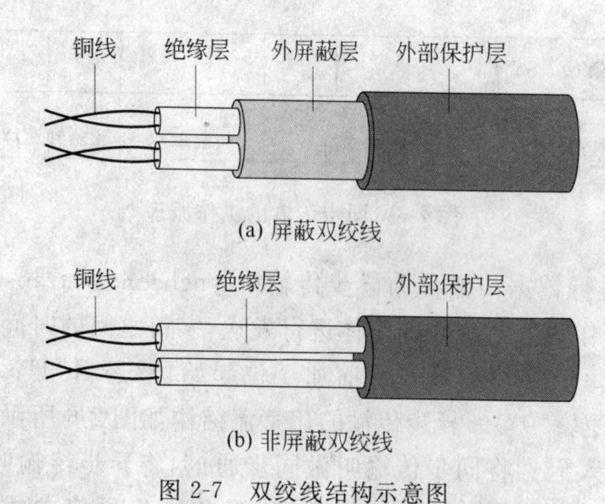

图 2-7　双绞线结构示意图

2）传输特性

在局域网中常用的双绞线根据传输特性可以分为五类。在典型的 Ethernet 网中，常

用第三类、第四类与第五类非屏蔽双绞线,通常简称为三类线、四类线与五类线。其中,三类线带宽为16MHz,适用于语音及10Mbps以下的数据传输;五类线带宽为100MHz,适用于语音及100Mbps的高速数据传输。

3) 连通性

双绞线既可用于点对点连接,也可用于多点连接。

4) 地理范围

双绞线用做远程中继线时,最大距离可达15km;用于10Mbps局域网时,与集线器的距离最大为100m。

5) 抗干扰性

双绞线的抗干扰性取决于一束线中相邻线对的扭曲长度及适当的屏蔽。

6) 价格

双绞线的价格低于其他传输介质,并且安装、维护方便。

2. 同轴电缆的主要特性

1) 物理特性

同轴电缆是网络中应用十分广泛的传输介质之一。同轴电缆的结构如图2-8所示,它由内导体、外屏蔽层、绝缘层及外部保护层组成。同轴介质的特性参数由内、外导体及绝缘层的电参数与机械尺寸决定。

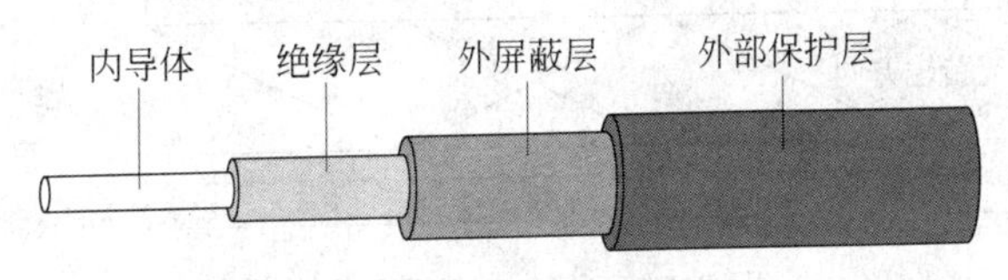

图2-8 同轴电缆的结构示意图

2) 传输特性

根据同轴电缆的带宽不同,它可以分为两类:基带同轴电缆与宽带同轴电缆。

基带同轴电缆一般仅用于数字信号的传输。宽带同轴电缆可以使用频分多路复用方法,将一条宽带同轴电缆的频带划分成多条通信信道,使用各种调制方式,支持多路传输。宽带同轴电缆也可以只用于一条通信信道的高速数字通信,此时称之为单信道宽带。

3) 连通性

同轴电缆支持既点对点连接,也支持多点连接。基带同轴电缆可支持数百台设备的连接,而宽带同轴电缆可支持数千台设备的连接。

4) 地理范围

基带同轴电缆使用的最大距离限制在几公里范围内,而宽带同轴电缆最大距离可达几十公里左右。

5) 抗干扰性

同轴电缆的结构使得它的抗干扰能力较强。

6) 价格

同轴电缆的造价介于双绞线与光缆之间,使用与维护方便。

3. 光纤的主要特性

1）物理描述

光纤是网络传输介质中性能最好、应用前途最广泛的一种。光纤是一种直径为 50～100μm 的柔软、能传导光波的介质，多种玻璃和塑料可以用来制造光纤，其中使用超高纯度石英玻璃纤维制作的光纤的纤芯可以得到最低的传输损耗。在折射率较高的纤芯外面，用折射率较低的包层包裹起来，外部包裹涂覆层，这样就可以构成一条光纤。多条光纤组成一束，就构成一条光缆。光纤的结构如图 2-9 所示。

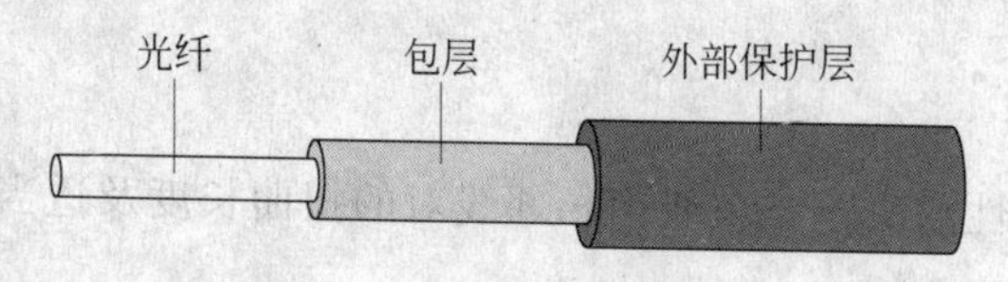

图 2-9　光纤结构示意图

2）传输特性

光纤通过内部的全反射来传输一束经过编码的光信号。由于光纤的折射系数高于外部包层的折射系数，因此可以形成光波在光纤与包层的界面上的全反射。光波通过光纤内部全反射进行光传输的过程如图 2-10 所示。

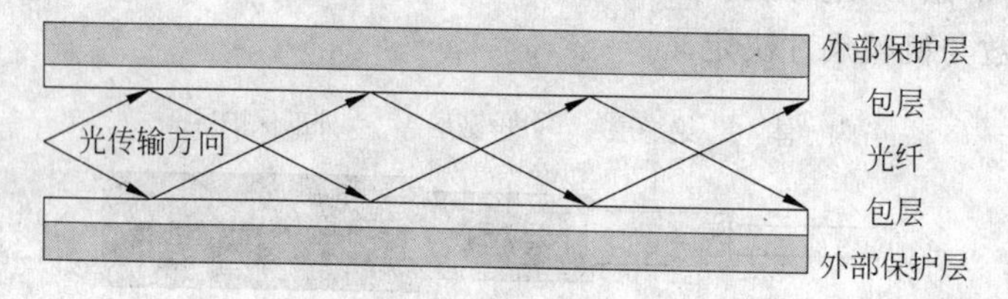

图 2-10　光纤传输原理示意图

典型的光纤传输系统的结构如图 2-11 所示。在光纤发送端，可以采用发光二极管(light-emitting diode，LED)或注入型激光二极管(injection llaser diode，ILD)作为光源。在接收端使用光电二极管 PIN 检波器或 APD 检波器将光信号转换成电信号。光载波调制方法采用振幅键控 ASK 调制方法，即亮度调制(intensity modulation)。因此，光纤传输速率可以达到几千 Mbps。

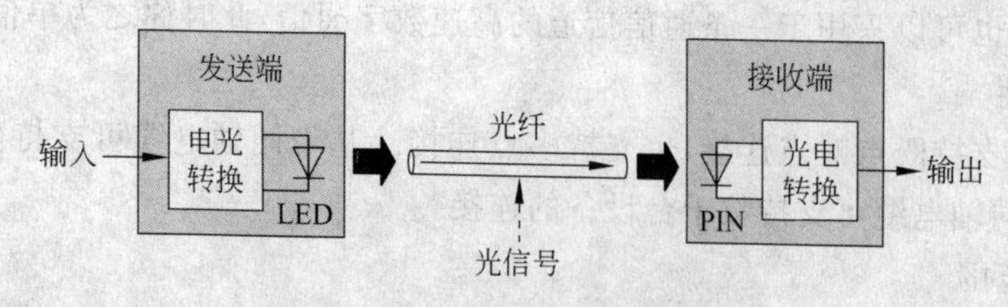

图 2-11　光纤传输系统结构示意图

光纤传输分为单模与多模两类。单模光纤是指光纤的光信号仅与光纤轴成单个可分辨角度的单路光载波传输。多模光纤是指光纤的光信号与光纤轴成多个可分辨角度的多路光载波传输。单模光纤的性能优于多模光纤。

3）连通性

光纤最普遍的连接方法是点对点方式，但是在某些实验系统中也采用多点连接方式。

4）地理范围

光纤信号衰减极小，它可以在 6～8km 的距离内，在不使用中继器的情况下，实现高速率的数据传输。

5）抗干扰性

光纤不受外界电磁干扰与噪声的影响，能在长距离、高速率的传输中保持低误码率。双绞线典型的误码率在 10^{-5}～10^{-6} 之间，基带同轴电缆的误码率低于 10^{-7}，宽带同轴电缆的误码率低于 10^{-9}，而光纤的误码率可以低于 10^{-10}。因此，光纤传输的安全性与保密性都非常好。

6）价格

目前，光纤价格高于同轴电缆与双绞线。

由于光纤具有低损耗、宽频带、高数据传输速率、低误码率与安全保密性好的特点，因此是一种最有前途的传输介质。

2.2.2 无线与卫星通信

1. 电磁波谱与移动通信

英国著名的物理学家麦克斯韦(James Cleark Maxwell)指出：变化的电场激发变化的磁场，变化的电场与变化的磁场不是彼此孤立的，而是相互联系、相互激发，这样就形成了电磁场。1862 年，麦克斯韦从大量的实验与理论中，推导出描述电磁场的麦克斯韦方程。这项研究成果预言了电磁波的存在，揭示了电磁波的传播速度等于光速，并断言光波就是一种电磁波，光现象是一种电磁现象。他将表面上看来互不相关的现象统一起来，使人们对无线电波、微波、光波、X 射线、γ 射线的内在联系有了深刻的认识，揭示了电磁波谱的秘密。1887 年，德国物理学家赫兹(Heinrich Hertz)利用实验方法产生了电磁波，证明了麦克斯韦的预言，为通信技术的发展奠定了基础。图 2-12 给出了电磁波谱与通信类型的关系。

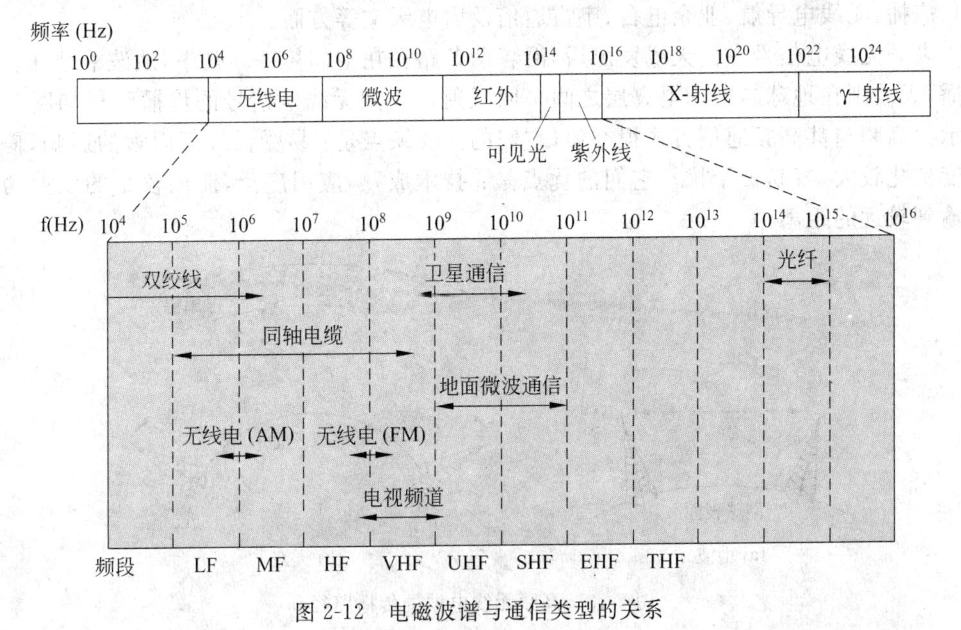

图 2-12　电磁波谱与通信类型的关系

描述电磁波的参数有3个：波长λ、频率f与光速c。它们三者之间的关系为：

$$\lambda \times f = c$$

其中，光速c为3×10^8m/s，频率f的单位为Hz。

电磁波的传播有两种方式：一种是在自由空间中传播，即通过无线方式传播；另一种是在有限制的空间区域内传播，即通过有线方式传播。用同轴电缆、双绞线、光纤传输电磁波的方式属有线方式传播。在同轴电缆中，电磁波传播的速度大约等于光速的2/3。

从电磁波谱中可以看出，按照频率由低向高排列，不同频率的电磁波可以分为无线(Radio)、微波(Microwave)、红外(Infrared)、可见光(Visible light)、紫外线(UV, Utraviolet)、X-射线(X-rays)与γ-射线(γ-rays)。目前，用于通信的主要有无线、微波、红外与可见光。

不同的传输介质可以传输不同频率的信号。例如普通双绞线可以传输低频与中频信号，同轴电缆可以传输低频到特高频信号，光纤可以传输可见光信号。由双绞线、同轴电缆与光纤作为传输介质的通信系统，一般只用于固定物体之间的通信。

移动物体与固定物体、移动物体与移动物体之间的通信，都属于移动通信，例如人、汽车、轮船、飞机等移动物体之间的通信。移动物体之间的通信只能依靠无线通信手段。

目前，实际应用的移动通信系统主要包括：蜂房移动通信系统、无线电话系统、无线寻呼系统、无线本地环路与卫星移动通信系统。

2. 无线通信

从电磁波谱中可以看出，我们所说的无线通信所使用的频段覆盖从低频到特高频。其中，调频无线电通信使用中波MF，调频无线电广播使用甚高频，电视广播使用甚高频到特高频。国际通信组织对各个频段都规定了特定的服务。以高频HF为例，它在频率上从3MHz到30MHz，被划分成多个特定的频段，分别分配给移动通信(空中、海洋与陆地)、广播、无线电导航、业余电台、宇宙通信及射电天文等方面。

高频无线电信号在由天线发出后，沿着两条路径在空间传播。其中，地波沿地球表面传播，天波则在地球与地球电离层之间来回反射。高频无线电信号的传播路径如图2-13所示。高频与甚高频通信方式很类似，它们的主要缺点是：易受天气等因素的影响，信号幅度变化较大，容易被干扰。它们的优点是：技术成熟，应用广泛，能用较小的发射功率传输到较远的距离。

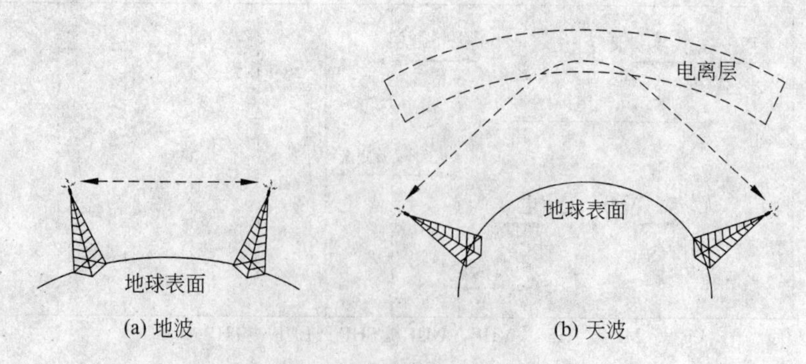

图2-13　高频无线电波的传播路径

3. 微波通信

在电磁波谱中，频率在 100MHz～10GHz 的信号叫做微波信号，它们对应的信号波长为 3m～3cm。微波信号传输的主要特点是：

1) 只能进行视距传播

因为微波信号没有绕射功能，所以两个微波天线只能在可视，即中间无物体遮挡的情况下才能正常接收。

2) 大气对微波信号的吸收与散射影响较大

由于微波信号波长较短，因此利用机械尺寸相对较小的抛物面天线，就可以将微波信号能量集中在一个很小的波束内发送出去，这样就可以用很小的发射功率来进行远距离通信。同时，由于微波频率很高，因此可以获得较大的通信带宽，特别适用于卫星通信与城市建筑物之间的通信。

由于微波天线的高度方向性，因此在地面一般采用点对点方式通信。如果距离较远，可采用微波接力的方式作为城市之间的电话中继干线。在卫星通信中，微波通信也可以用于多点通信。

4. 移动无线通信

美国的贝尔实验室最早在 1947 年就提出了蜂房无线移动通信(cellular radio mobile communication)的概念，1958 年向美国联邦通信委员会 FCC 提出了建议，1977 年完成了可行性技术论证，1978 年完成了芝加哥先进移动电话系统(adanced mobile phone system，AMPS)的试验，并在 1983 年正式投入运营。由于微电子学与 VLSI 技术的发展，促进了蜂房移动通信的迅速发展。

早期的移动通信系统采用大区制的强覆盖区，即建立一个无线电台基站，架设很高的天线塔(一般高于 30m)，使用很大的发射功率(一般在 50～200W)，覆盖范围可以达到 30～50km。大区制的优点是结构简单，不需要交换，但频道数量较少，覆盖范围有限。为了提高覆盖区域的系统容量与充分利用频率资源，人们提出了小区制的概念。

如果将一个大区制覆盖的区域划分成多个小区，每个小区中设立一个基站(base station)，通过基站在用户的移动台之间建立通信。小区覆盖的半径较小，一般为 1～20km，因此可以用较小的发射功率实现双向通信。如果每个基站提供一个或几个频道，可容纳的移动用户数就可以有几十到几百个。这样，由多个小区构成的通信系统的总容量将大大提高。由若干小区构成的覆盖区叫做区群。由于区群的结构酷似蜂房，因此人们将小区制移动通信系统叫做蜂房移动通信系统，其结构如图 2-14 所示。在每个小区设立一个(或多个)基站，它与若干个移动站建立无线通信链路。区群中各小区的基站之间可以通过电缆、光缆或微波链路与移动交换中心连接。移动交换中心通过电路与市话交换局连接，从而构成了一个完整的移动通信网络结构。

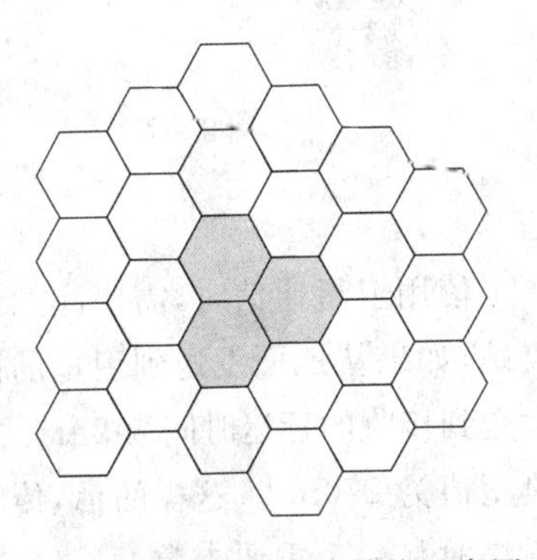

图 2-14 移动通信系统结构示意图

1995 年出现的第一代移动通信是模拟方式，用户的语音信息以模拟信号方式传输的。第二代移动通信是数字方式。1997 年出现的第二代(2nd generation，

2G)移动通信采用 GSM、TDMA 等数字制式,使得手机能够接入 Internet。第三代(3rd generation,3G)移动通信能够在全球范围内更好地实现 Internet 的无缝漫游,使用手机来处理音乐、图像、视频,能够进行网页浏览,参加电话会议,开展电子商务活动,同时与第二代系统有良好兼容性。2008 年我国正式对 3G 手机放号。3G 的使用必将加速手机通信网与 Internet 的业务融合,促进移动 Internet 应用的发展。第四代(4G)移动通信技术正在研究之中。

5. 卫星通信

在 1945 年,英国人阿塞 C. 克拉克提出了利用卫星进行通信的设想。1957 年,苏联发射了第一颗人造地球卫星 Sputnik,使人们看到了实现卫星通信的希望。1962 年,美国成功地发射了第一颗通信卫星 Telsat,试验了横跨大西洋的电话和电视传输。由于卫星通信具有通信距离远、费用与通信距离无关、覆盖面积大、不受地理条件的限制、通信信道带宽宽、可进行多址通信与移动通信的优点,因此它在最近的三十多年里获得了迅速的发展,并成为现代主要的通信手段之一。

图 2-15 是一个简单的卫星通信系统示意图。图 2-15(a)是通过卫星微波形成的点对点通信线路,它是由两个地球站(发送站、接收站)与一颗通信卫星组成的。卫星上可以有多个转发器,它的作用是接收、放大与发送信息。目前,一般是 12 个转发器拥有一个 36MHz 带宽的信道,不同的转发器使用不同的频率。地面发送站使用上行链路(uplink)向通信卫星发射微波信号。卫星起到一个中继器的作用,它接收通过上行链路发送来的微波信号,经过放大后再使用下行链路(downlink)发送回地面接收站。由于上行链路与下行链路使用的频率不同,因此可以将发送信号与接收信号区分出来。图 2-15(b)是通过卫星微波形成的广播通信线路。

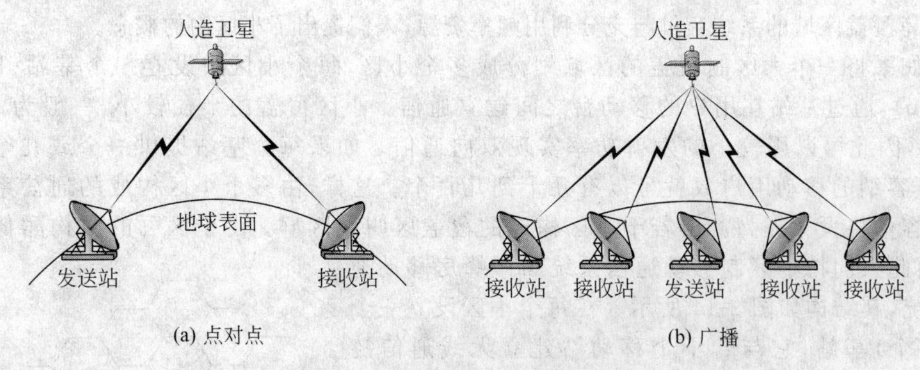

图 2-15 卫星通信系统示意图

使用卫星通信时,需要注意到它的传输延时。由于发送站要通过卫星转发信号到接收站,如果从地面发送到卫星的信号传输时间为 Δt,不考虑转发中处理时间,那么从信号发送到接收的延迟时间为 $2\Delta t$。Δt 值取决于卫星距地面的高度,一般 Δt 值在 250～300ms,典型值为 270ms。这样的话,传输延迟的典型值为 540ms,这个数值在设计卫星数据通信系统时是一个重要参数。

2.3 数据编码技术

2.3.1 数据编码类型

在计算机中数据是以离散的二进制 0、1 比特序列方式表示的。计算机数据在传输过程中的数据编码类型,主要取决于它采用的通信信道所支持的数据通信类型。

根据数据通信类型,网络中常用的通信信道分为两类:模拟通信信道与数字通信信道。相应的用于数据通信的数据编码方式也分为两类:模拟数据编码与数字数据编码。网络中基本的数据编码方式可以归纳如下图。

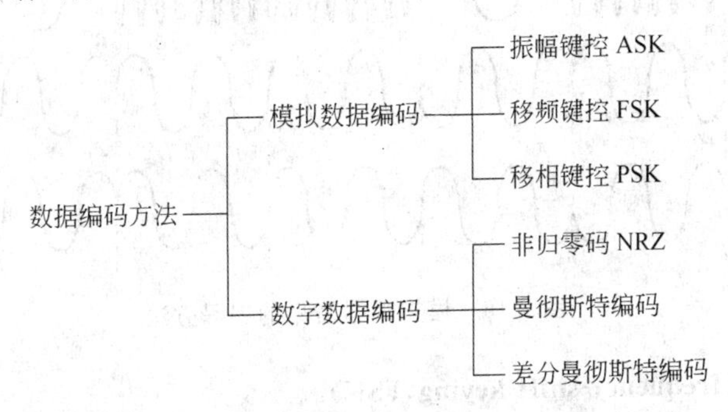

2.3.2 模拟数据编码方法

电话通信信道是典型的模拟通信信道,它是目前世界上覆盖面最广、应用最普遍的一类通信信道。无论网络与通信技术如何发展,电话仍然是一种基本的通信手段。传统的电话通信信道是为传输语音信号设计的,只适用于传输音频范围(300～3400Hz)的模拟信号,无法直接传输计算机的数字信号。为了利用模拟语音通信的电话交换网实现计算机的数字数据信号的传输,必须首先将数字信号转换成模拟信号。

人们将发送端数字数据信号变换成模拟数据信号的过程称为调制(modulation),将调制设备称为调制器(modulator);将接收端把模拟数据信号还原成数字数据信号的过程称为解调(demodulation),将解调设备称为解调器(demodulator)。同时具备调制与解调功能的设备称为调制解调器(modem)。

在调制过程中,首先要选择音频范围内的某一角频率 ω 的正(余)弦信号作为载波,该正(余)弦信号可以写为:

$$u(t) = U_m \cdot \sin(\omega_t + \varphi_0)$$

在载波 $u(t)$ 中,有三个可以改变的电参量:振幅 U_m、角频率 ω 与相位 φ_0。可以通过变化三个电参量,来实现模拟数据信号的编码。

1. 振幅键控(amplitude-shift keying, ASK)

振幅键控方法是通过改变载波信号振幅来表示数字信号 1、0。例如,可以用载波幅度为 U_m 表示数字 1,用载波幅度为 0 表示数字 0。ASK 信号波形如图 2-16(a)所示,其数学表达式为:

$$u(t)=\begin{cases}U_m \cdot \sin(\omega_{1t}+\varphi_0) & \text{数字 } 1 \\ 0 & \text{数字 } 0\end{cases}$$

振幅键控 ASK 信号实现容易，技术简单，但抗干扰能力较差。

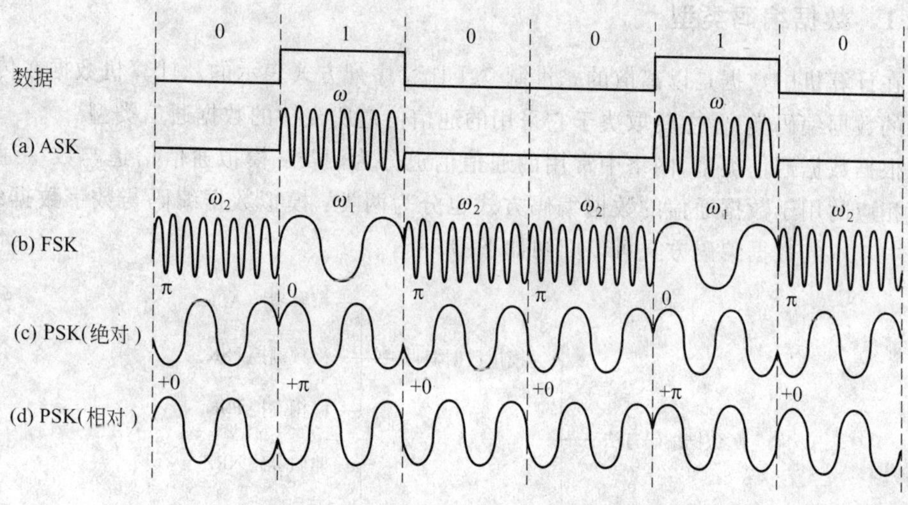

图 2-16 模拟数据信号的编码方法

2. 移频键控(frequency-shift keying，FSK)

移频键控方法是通过改变载波信号角频率来表示数字信号 1、0。例如，可以用角频率 ω_1 表示数字 1，用角频率 ω_2 表示数字 0。FSK 信号波形如图 2-16(b)所示，其数学表达式为：

$$u(t)=\begin{cases}U_m \cdot \sin(\omega_{1t}+\varphi_0) & \text{数字 } 1 \\ U_m \cdot \sin(\omega_{2t}+\varphi_0) & \text{数字 } 0\end{cases}$$

移频键控 FSK 信号实现容易，技术相对简单，抗干扰能力较强，是目前最常用的调制方法之一。

3. 移相键控(phase-shift keying，PSK)

移相键控方法是通过改变载波信号的相位值来表示数字信号 1、0。如果用相位的绝对值表示数字信号 1、0，则称为绝对调相。如果用相位的相对偏移值表示数字信号 1、0，则称为相对调相。

1）绝对调相

在载波信号 $u(t)$ 中，φ_0 为载波信号的相位。最简单的情况是：我们用相位的绝对值来表示它所对应的数字信号。当表示数字 1 时，取 $\varphi_0=0$；当表示数字 0 时，取 $\varphi_0=\pi$。这种最简单的绝对调相方法可以用下式表示：

$$u(t)=\begin{cases}U_m \cdot \sin(\omega_t+0) & \text{数字 } 1 \\ U_m \cdot \sin(\omega_t+\pi) & \text{数字 } 0\end{cases}$$

接收端可以通过检测载波相位的方法来确定它所表示的数字信号值。绝对调相波形如图 2-16(c)所示。

2）相对调相

相对调相用载波在两位数字信号的交接处产生的相位偏移来表示载波所表示的数字

信号。最简单的相对调相方法是：两比特信号交接处遇 0，载波信号相位不变；两比特信号交接处遇 1，载波信号相位偏移 π。相对调相波形如图 2-16(d)所示。

在实际使用中，移相键控方法可以方便地采用多相调制方法，以达到高速传输的目的。移相键控方法的抗干扰能力强，但实现技术较复杂。

3）多相调制

以上讨论的是二相调制的方法，即用两个相位值分别表示二进制数 0、1。在模拟数据通信中，为了提高数据传输速率，人们常采用多相调制的方法。例如，可以将待发送的数字信号按两比特一组的方式组织，两位二进制比特可以有四种组合，即 00、01、10、11。每组是一个双比特码元，可以用四个不同的相位值去表示这四组双比特码元。那么，在调相信号传输过程中，相位每改变一次，传送两个二进制比特。我们把这种调相方法称为四相调制。同理，如果将发送的数据每三个比特组成一个三比特码元组，三位二进制数共有八种组合，则对应可以用八种不同的相位值表示，这种调相方法称为八相调制。

2.3.3 数字数据编码方法

在数据通信技术中，人们将利用模拟通信信道通过调制解调器传输模拟数据信号的方法称为频带传输；将利用数字通信信道直接传输数字数据信号的方法称为基带传输。

频带传输的优点是可以利用目前覆盖面最广、普遍应用的模拟语音通信信道。用于语音通信的电话交换网技术成熟并且造价较低，但其缺点是数据传输速率与系统效率较低。基带传输在基本不改变数字数据信号频带(即波形)的情况下直接传输数字信号，可以达到很高的数据传输速率和系统效率。因此，基带传输是目前迅速发展与广泛应用的数据通信方式。

在基带传输中，数字数据信号的编码方式主要有以下几种。

1. 非归零码 NRZ

非归零码(non-return to zero，NRZ)的波形如图 2-17(a)所示。NRZ 码可以规定用负电平表示逻辑“0”，用正电平表示逻辑“1”；也可以有其他表示方法。

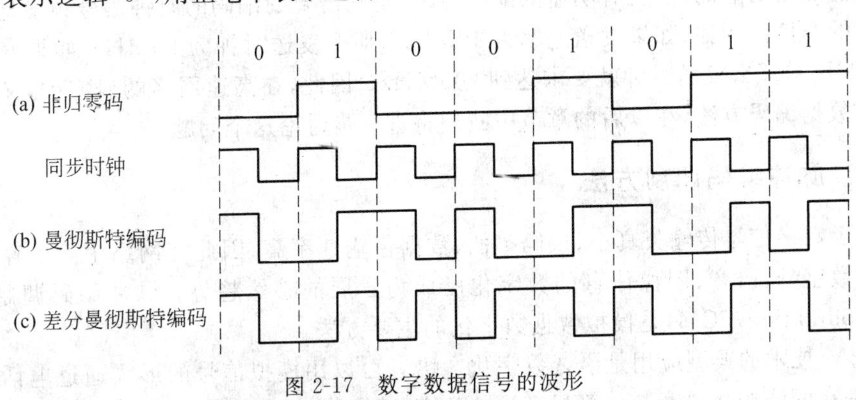

图 2-17 数字数据信号的波形

NRZ 码的缺点是无法判断一位的开始与结束，收发双方不能保持同步。为保证收发双方的同步，必须在发送 NRZ 码的同时，用另一个信道同时传送同步信号。另外，如果信号中“1”与“0”的个数不相等时，存在直流分量，这是在数据传输中不希望存在的。

2. 曼彻斯特(Manchester)编码

曼彻斯特编码是目前应用最广泛的编码方法之一。典型的曼彻斯特编码波形如图 2-17(b)所示。曼彻斯特编码的规则是：每比特的周期 T 分为前 $T/2$ 与后 $T/2$ 两部分；通过前 $T/2$ 传送该比特的反码，通过后 $T/2$ 传送该比特的原码。

曼彻斯特编码的优点是：

(1) 每个比特的中间有一次电平跳变，两次电平跳变的时间间隔可以是 $T/2$ 或 T，利用电平跳变可以产生收发双方的同步信号。因此，曼彻斯特编码信号又称做“自含钟编码”信号，发送曼彻斯特编码信号时无须另发同步信号。

(2) 曼彻斯特编码信号不含直流分量。

曼彻斯特编码的缺点是效率较低，如果信号传输速率是 10Mbps，那么发送时钟信号频率应为 20MHz。

3. 差分曼彻斯特(difference Manchester)编码

差分曼彻斯特编码是对曼彻斯特编码的改进。典型差分曼彻斯特编码波形如图 2-17(c)所示。差分曼彻斯特编码与曼彻斯特编码不同点是：每比特的中间跳变只起同步作用；每比特的值根据其开始边界是否发生跳变决定。

可以比较曼彻斯特编码与差分曼彻斯特编码的区别。图中被编码的数据 $b_0=0$，根据曼彻斯特编码规则，前 $T/2$ 取 0 的反码。按照本书的规定，0 用低电平表示，那么其反码(高电平)；后 $T/2$ 取 0 的原码(低电平)。$b_0=1$，根据曼彻斯特编码规则，前 $T/2$ 取 1 的反码(低电平)；后 $T/2$ 取 1 的原码(高电平)。对于差分曼彻斯特编码规则，b_0之后的 b_1 为 1，在两个比特交接处不发生电平跳变，那么 b_0的后 $T/2$ 是低电平，b_1的前 $T/2$ 仍为低电平，后 $T/2$ 则取高电平。$b_3=0$，根据曼彻斯特编码，b_3的前 $T/2$ 为高电平，后 $T/2$ 为低电平。而根据差分曼彻斯特编码，$b_3=0$，在 b_2 与 b_3 交接处要发生电平跳变，那么 b_2 的后 $T/2$ 为高电平，b_3的前 $T/2$ 一定是低电平，后 $T/2$ 是高电平。依照这个规律，可以画出曼彻斯特编码与差分曼彻斯特编码波形。

曼彻斯特编码与差分曼彻斯特编码是数据通信中最常用的数字数据信号编码方式，它们的优点是明显的，但也有明显的缺点，那就是它需要的编码的时钟信号频率是发送信号频率的两倍。例如，如果发送速率为 10Mbps，那么发送时钟为 20MHz；如果发送速率为 100Mbps，那么发送时钟就要求达到 200MHz。因此，在高速网络的研究中，又提出其他数字数据编码方法，在以后的章节中我们将进一步讨论这个问题。

2.3.4 脉冲编码调制方法

由于数字信号传输失真小、误码率低、数据传输速率高，因此在网络中除计算机直接产生的数字外，语音、图像信息的数字化已成为发展的必然趋势。脉冲编码调制(pulse code modulation，PCM)是模拟数据数字化的主要方法。

PCM 技术的典型应用是语音数字化。语音可以用模拟信号的形式通过电话线路传输，但是在网络中将语音与计算机产生的数字、文字、图形与图像同时传输，就必须首先将语音信号数字化。在发送端通过 PCM 编码器将语音信号变换为数字化语音数据，通过通信信道传送到接收端，接收端再通过 PCM 解码器将它还原成语音信号。数字化语音数据的传输速率高、失真小，可以存储在计算机中，并且进行必要的处理。因此，在网络与通信中，首先要利用PCM技术将语音数字化。PCM操作基本上包括：采样、量化与编码3部分内容。

1. 采样

模拟信号数字化的第一步是采样。模拟信号是电平连续变化的信号。采样是隔一定的时间间隔，将模拟信号的电平幅度值取出来做为样本，让其表示原来的信号。采样频率f应为：

$$f \geqslant 2B \quad 或 \quad f = 1/T \geqslant 2f_{max}$$

式中，B为通信信道带宽；T为采样周期；f_{max}为信道允许通过的信号最高频率。

研究结果表明，如果以大于或等于通信信道带宽2倍的速率定时对信号进行采样，其样本可以包含足以重构原模拟信号的所有信息。

2. 量化

量化是将取样样本幅度按量化级决定取值的过程。经过量化后的样本幅度为离散的量级值，已不是连续值。

量化之前要规定将信号分为若干量化级，例如可以分为8级或16级，以及更多的量化级，这要根据精度要求决定。同时，要规定好每一级对应的幅度范围，然后将采样所得样本幅值与上述量化级幅值比较。例如，1.28取值为1.3；1.52取值为1.5，通过取整来定级。采样与量化工作原理如图2-18所示。

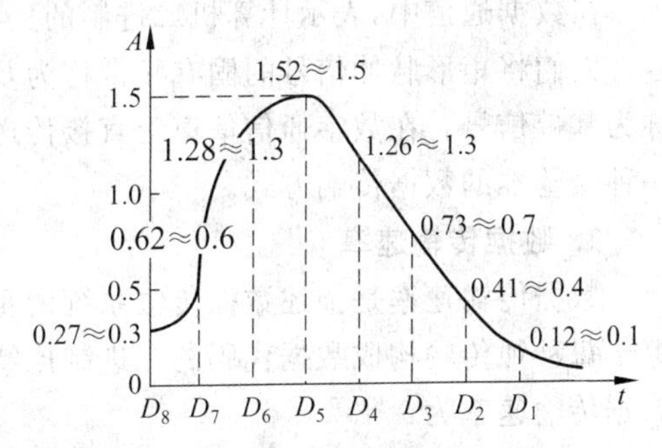

图2-18 PCM采样与量化原理示意图

3. 编码

编码是用相应位数的二进制代码表示量化后的采样样本的量级。如果有K个量化级，则二进制的位数为$\log_2 K$。例如，如果量化级有16个，就需要4位编码。在目前常用的语音数字化系统中，多采用128个量级，需要7位编码。经过编码后，每个样本都要用相应的编码脉冲表示。如图2-19所示，D_5取样幅度为1.52，取整后为1.5，量化级为15，样本编码为1111。将二进制编码1111发送到接收端，接收端可以将它还原成量化级15，对应的电平幅度为1.5。

样本	量化级	二进制编码	编码信号
D_1	1	0001	
D_2	4	0100	
D_3	7	0111	
D_4	13	1101	
D_5	15	1111	
D_6	13	1101	
D_7	6	0110	
D_8	3	0011	

图2-19 编码原理示意图

当 PCM 用于数字化语音系统时，它将声音分为 128 个量化级，每个量化级采用 7 位二进制编码表示。由于采样速率为 8000 样本/秒，因此，数据传输速率应该达到 7×8000b/s=56Kbps。此外，PCM 可以用于计算机中的图形、图像数字化与传输处理。PCM 采用二进制编码的缺点是使用的二进制位数较多，编码的效率比较低。

2.4 基带传输的基本概念

2.4.1 基带传输与数据传输速率

1. 基带传输

在数据通信中，表示计算机二进制的比特序列的数字数据信号是典型的矩形脉冲信号。人们将矩形脉冲信号的固有频带称为基本频带(简称为基带)。这种矩形脉冲信号就称为基带信号。在数字通信信道上直接传送基带信号的方法称为基带传输。基带传输是一种最基本的数据传输方式。

2. 数据传输速率

数据传输速率是描述数据传输系统的重要技术指标之一。数据传输速率在数值上，等于每秒钟传输构成数据代码的二进制比特数，单位为比特/秒(bps)。对于二进制数据，数据传输速率为：

$$S = 1/T(\text{bps})$$

其中，T 为发送每一比特所需要的时间。

例如，如果在通信信道上发送一比特 0、1 信号所需要的时间是 0.104ms，那么信道的数据传输速率为 9600bps。在实际应用中，常用的数据传输速率单位有：Kbps、Mbps、Gbps 与 Tbps。其中：

$$1\text{Kbps} = 10^3\,\text{bps}$$
$$1\text{Mbps} = 10^6\,\text{bps}$$
$$1\text{Gbps} = 10^9\,\text{bps}$$
$$1\text{Tbps} = 10^{12}\,\text{bps}$$

2.4.2 带宽与传输速率的关系

在现代网络技术中，人们常常使用“带宽(broad)”来表示传输速率。例如，Ethernet 的数据传输速率为 10Mbps，人们经常说“Ethernet 的带宽为 10Mbps”。

为什么可以用“带宽”来描述“数据传输速率”？奈奎斯特(Nyquist)准则与香农(Shanon)定律可以很好地回答这个问题。因为这两个定律从定量的角度描述“带宽”与“速率”的关系。

由于信道带宽的限制、信道干扰的存在，信道的数据传输速率总会有一个上限。早在 1924 年，奈奎斯特就推导出在无噪声情况下的最高速率与带宽关系的公式，这就是奈奎斯特准则。根据奈奎斯特准则，二进制数据信号的最大数据传输速率 R_{max} 与理想信道带宽 B(单位 Hz)的关系可以写为 $R_{max}=2B(\text{bps})$。对于二进制数据，如果信道带宽 $B=$

3000Hz,则最大传输速率为6000bps。

奈奎斯特定理描述了有限带宽、无噪声的理想信道的最大传输速率与信道带宽的关系。香农定理则描述了有限带宽、有随机热噪声信道的最大传输速率与信道带宽、信号噪声功率比之间的关系。香农定理指出：在有随机热噪声的信道中传输数据信号时，传输速率 R_{max} 与信道带宽 B、信噪比 S/N 的关系为：$R_{max}=B\cdot\log_2(1+S/N)$。式中，$R_{max}$ 单位为bps，带宽 B 单位为Hz。信噪比是信号功率与噪声功率之比的简称。$S/N=1000$ 表示该信道上的信号功率是噪声功率的1000倍。如果 $S/N=1000$，信道带宽 $B=3000$Hz，则该信道的最大传输速率 $R_{max}\approx30$Kbps。香农定律给出一个有限带宽、有热噪声信道的最大数据传输速率的极限值。它表示对带宽只有3000Hz的通信信道，信噪比 S/N 为1000时，无论数据采用二进制或更多的离散电平值表示，数据都不能以超过30Kbps的速率传输。

由于信道的最大传输速率与带宽之间存在着明确的关系，因此人们可以用"带宽"去表示"速率"。例如，人们常将网络的"高传输速率"用网络的"高带宽"表述。因此"带宽"与"速率"在网络技术讨论中几乎成了同义词。

2.5 差错控制方法

2.5.1 差错产生的原因与差错类型

数据在通信信道传输过程中总有可能出现错误。人们把接收的数据与发送数据不一致的现象称为传输差错，通常简称为差错。差错的产生是不可避免的，我们的任务是分析差错产生的原因，研究有效的差错控制方法。

1. 差错产生的原因

图2-20给出了差错产生的过程示意图，图2-20(a)是数据通过通信信道的过程，图2-20(b)是数据传输过程中噪声的影响。

当数据从信源出发，经过通信信道时，由于通信信道总是有一定的噪声存在，在到达信宿时，接收信号是信号与噪声的叠加。在接收端，接收电路在取样时判断信号电平。如果噪声对信号叠加的结果在电平判决时出现错误，就会引起传输数据的错误。

2. 差错的类型

通信信道的噪声分为两类：热噪声与冲击噪声。

1）热噪声

热噪声是由传输介质导体的电子热运动产生的。热噪声的特点是时刻存在，幅度较小，强度与频率无关，但频谱很宽，是一类随机的噪声。由热噪声引起的差错是一类随机差错。

2）冲击噪声

冲击噪声是由外界电磁干扰引起的。与热噪声相比，冲击噪声幅度较大，是引起传输差错的主要原因。冲击噪声持续时间与每比特数据的发送时间相比可能较长，因而冲击噪声引起的相邻多个数据位出错呈突发性。冲击噪声引起的传输差错为突发差错。在通信过程中产生的传输差错，是由随机差错与突发差错共同构成的。

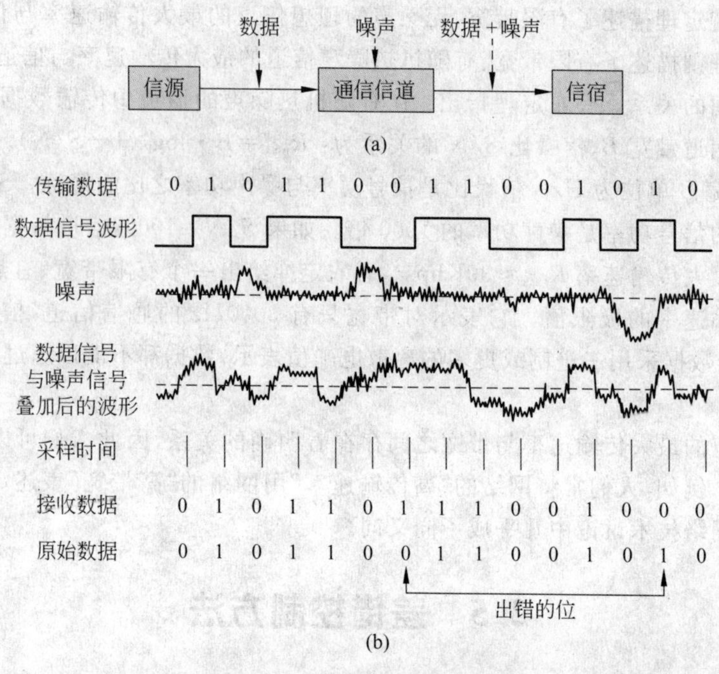

图 2-20 差错产生的过程

2.5.2 误码率的定义

误码率是指二进制码元在数据传输系统中被传错的概率，它在数值上近似等于：

$$P_e = N_e / N$$

N 为传输的二进制码元总数，N_e 为被传错的码元数。

在理解误码率定义时，应注意以下几个问题：

- 误码率应该是衡量数据传输系统正常工作状态下传输可靠性的参数。
- 对于数据传输系统，不能笼统地说误码率越低越好，要根据实际传输要求提出误码率要求。在数据传输速率确定后，误码率越低，系统设备越复杂，造价越高。
- 如果数据传输系统传输的不是二进制码元，要折算成二进制码元来计算。

在实际的数据传输系统中，人们需要对通信信道进行大量、重复地测试，求出该信道的平均误码率，或者给出某些特殊情况下的平均误码率。根据测试，目前电话线路在300～2400bps 传输速率时，平均误码率在 10^{-4}～10^{-6}之间；在 4800～9600bps 传输速率时，平均误码率在 10^{-2}～10^{-4}之间。因为计算机通信的平均误码率要求低于 10^{-9}，所以普通电话线路如不采取差错控制技术，是不能满足计算机的通信要求的。

2.5.3 循环冗余编码工作原理

1. 检错码的类型

目前常用的检错码主要有以下两种：奇偶校验码与循环冗余编码(cyclic redundancy

code，CRC）。

奇偶校验码是一种最常见的检错码，它分为垂直奇（偶）校验、水平奇（偶）校验与水平垂直奇（偶）校验（即方阵码）。奇偶校验方法简单，但检错能力差，一般只用于通信要求较低的环境。

循环冗余编码的检错能力很强，并且实现起来比较容易。它是目前应用最广的检错码编码方法之一。

2. 循环冗余编码的工作原理

循环冗余编码的工作原理如图 2-21 所示。循环冗余编码方法的工作原理是：将要发送的数据比特序列当做一个多项式 $f(x)$ 的系数，在发送端用收发双方预先约定的生成多项式 $G(x)$ 去除，求得一个余数多项式。将余数多项式加到数据多项式之后发送到接收端。在接收端用同样的生成多项式 $G(x)$ 去除接收数据多项式 $f(x)$，得到计算余数多项式。如果计算余数多项式与接收余数多项式相同，则表示传输无差错；如果计算余数多项式与接收余数多项式不相同，则表示传输有差错，由发送方来重发数据，直至正确为止。

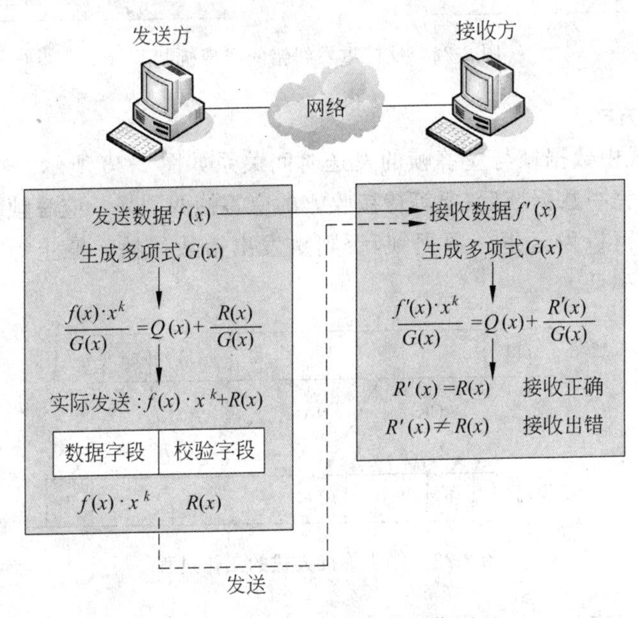

图 2-21　循环冗余编码的工作原理

在实际网络应用中，循环冗余编码的生成与校验过程可以用软件或硬件方法实现。目前，很多的通信超大规模集成电路芯片内部硬件，就可以非常方便、快速地实现标准循环冗余编码的生成与校验功能。

CRC 校验码的检错能力很强，它除了能检查出离散错外，还能检查出突发错。它具有以下检错能力：

（1）CRC 校验码能检查出全部单个错。

（2）CRC 校验码能检查出全部离散的二位错。

（3）CRC 校验码能检查出全部奇数个错。

（4）CRC 校验码能检查出全部长度小于或等于 K 位的突发错。

(5) CRC 校验码能以$[1-(1/2)^{K-1}]$的概率检查出长度为$(K+1)$位的突发错。

2.5.4 差错控制机制

接收端可以通过检错码检查传送一帧数据是否出错，一旦发现传输错误，则通常采用反馈重发(automatic request for repeat，ARQ)方法来纠正。数据通信系统中的反馈重发机制如图 2-22 所示。反馈重发纠错实现方法有两种：停止等待方式和连续工作方式。

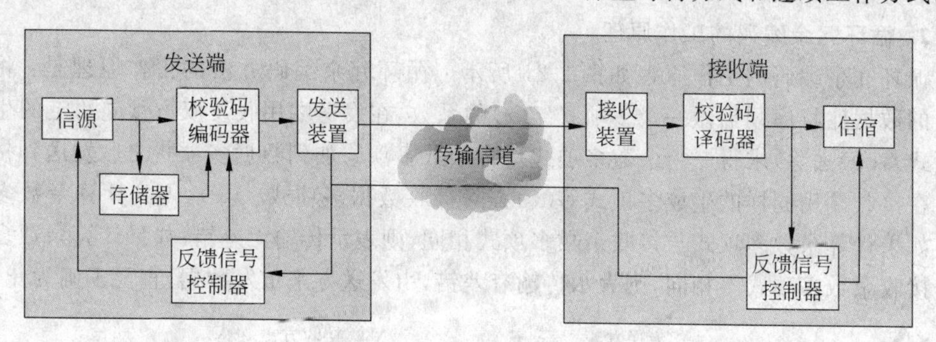

图 2-22 反馈重发纠错的实现机制

1. 停止等待方式

停止等待方式中数据帧与应答帧的发送时间关系如图 2-23 所示。在停止等待方式中，发送方在发送完一数据帧后，要等待接收方的应答帧的到来。应答帧表示上一帧已正确接收，发送方就可以发送下一数据帧，否则重发出错数据帧。停止等待 ARQ 协议简单，但系统通信效率低。

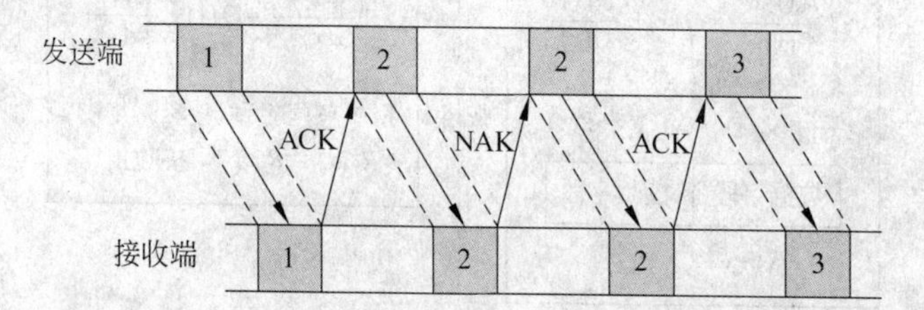

图 2-23 停止等待方式的工作过程

2. 连续工作方式

为了克服停止等待 ARQ 协议的缺点，人们提出了连续 ARQ 协议。实现连续 ARQ 协议的方法有以下两种：

1) 拉回方式

拉回方式的工作原理如图 2-24(a)所示。发送方可以连续向接收方发送数据帧，接收方对接收的数据帧进行校验，然后向发送方发回应答帧。如果发送方在连续发送了编号为 0～5 的数据帧后，从应答帧得知 2 号数据帧传输错误，那么发送方将停止当前数据帧的发送，重发 2、3、4、5 号数据帧。拉回状态结束后，再接着发送 6 号数据帧。

2) 选择重发方式

选择重发方式的工作原理如图 2-24(b)所示。选择重发方式与拉回方式的区别是：

如果在发送完编号为5的数据帧时，接收到编号为2的数据帧传输出错的应答帧，那么发送方在发送完编号为5的数据帧后，只重发出错的2号数据帧。选择重发完后，接着发送编号为6的数据帧。显然，选择重发方式的效率将高于拉回方式。

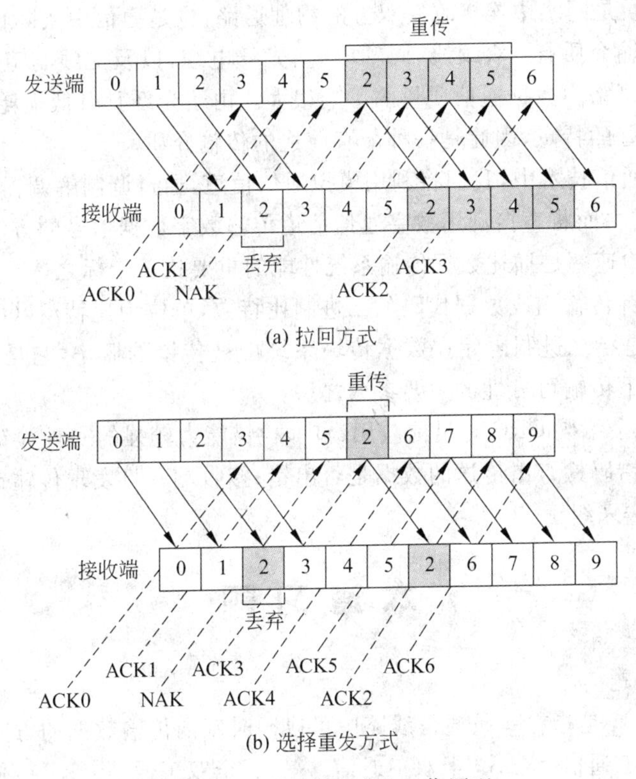

图 2-24 连续工作方式的工作原理

2.6 本章总结

本章主要讲述了以下内容：

(1) 数据通信技术是网络技术发展的基础，数据通信是指在不同计算机之间传送表示字符、数字、语音、图形、图像的二进制代码0、1比特序列的过程。

(2) 信号是数据在传输过程中的电信号的表示形式。按照在传输介质上传输的信号类型，可以分为模拟信号和数字信号两类，相应的数据通信系统分为：模拟通信系统与数字通信系统两类。

(3) 设计一个数据通信系统时，首先要确定：是采用串行通信方式，还是采用并行通信方式。采用串行通信方式只需要在收发双方之间建立一条通信信道；采用并行通信方式，收发双方之间必须建立并行的多条通信信道。

(4) 数据通信按照信号传送方向与时间的关系可以分为3种：单工通信、半双工通信与全双工通信。在单工通信方式中，信号只能向一个方向传输；在半双工通信方式中，信号可以双向传送，但是一个时间只能向一个方向传送；在全双工通信方式中，信号可以同时双向传送。

(5) 数据通信中同步技术是解决通信的收发双方在时间基准上保持一致的问题。数据通信的同步主要包括位同步与字符同步。

(6) 传输介质是网络中连接收发双方的物理通路，也是通信中实际传送信息的载体。网络中常用的传输介质有：双绞线、同轴电缆、光纤电缆，以及无线与卫星通信信道。传输介质的特性对网络中数据通信质量的影响很大。由于光纤具有低损耗、高带宽、低误码率与安全保密性好的特点，因此是一种最有前途的传输介质。

(7) 在数据通信技术中，我们将利用模拟通信信道，通过调制解调器传输数字信号的方法称做频带传输；而将直接利用数字通信信道传输数字数据信号的方法称做基带传输。

(8) 数据传输速率是描述数据传输系统性能的重要技术指标之一。数据传输速率在数值上等于每秒钟传输构成数据代码的二进制比特数，单位为比特/秒(bps)。

(9) 误码率是指二进制码元在数据传输系统中被传错的概率，它是衡量数据传输系统正常工作状态下传输可靠性的主要参数之一。

(10) 循环冗余编码 CRC 是目前应用最广、检错能力较强的一种检错码编码方法；接收端可以通过检错码检查出传送的数据是否出错；接收端一旦发现传输错误，通常采用反馈重发 ARQ 方法来纠正。

本章习题

1. 单项选择题

2.1 ________是指在一条通信线路中可以同时双向传输数据的方法。

A. 单工通信　　B. 半双工通信　　C. 全双工通信　　D. 同步通信

2.2 在常用的传输介质中，带宽最宽、信号传输衰减最小、抗干扰能力最强的一类传输介质是________。

A. 光纤　　B. 双绞线　　C. 同轴电缆　　D. 无线信道

2.3 以下关于位同步的描述中，错误的是________。

A. 计算机的时钟频率造成的积累误差足以造成传输错误

B. 同步是要求发送端根据接收端的时钟频率来校正时间基准与时钟频率

C. 实现位同步的方法主要有以下 2 种：外同步法与内同步法

D. 内同步法则是从自含时钟编码的发送数据中提取同步时钟的方法

2.4 通过改变载波信号角频率来表示数字信号 1、0 的方法叫做________。

A. 绝对调相　　B. 振幅键控　　C. 相对调相　　D. 移频键控

2.5 曼彻斯特编码波形如下图所示，它表示的二进制数为________。

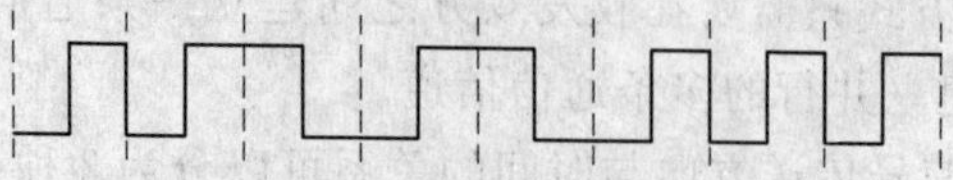

A. 10010111　　B. 11010111　　C. 11010001　　D. 11010110

2.6 差分曼彻斯特编码波形如下图所示，它表示的二进制数为________。

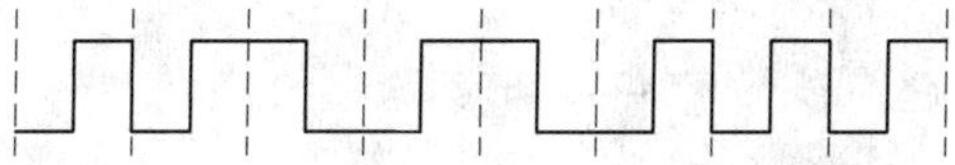

A. 10010111　　B. 11010111　　C. 10111100　　D. 11010110

2.7　在PCM中，如果采样样本可以包含足以重构原模拟信号的所有信息，那么采样的速率至少是通信信道带宽的________。

A. 2倍　　B. 4倍　　C. 8倍　　D. 16倍

2.8　按照奈奎斯特准则，如果信道带宽 $B=3000\text{Hz}$，则最大传输速率为________。

A. 3000bps　　B. 6000bps　　C. 8000bps　　D. 9000bps

2.9　以下关于误码率的定义描述中，错误的是________。

A. 误码率是指二进制码元在数据传输系统中被传错的概率

B. 误码率应该是衡量数据传输系统工作不正常状态下传输可靠性的参数

C. 在数据传输速率确定后，误码率越低，传输系统设备越复杂

D. 如果数据传输系统传输的不是二进制码元，要折算成二进制码元来计算

2.10　在________差错控制方式中，系统只会重新传输出错的那些数据帧。

A. 连续工作　　B. 选择重发　　C. 停止等待　　D. 拉回

2. 填空题

2.11　PCM操作主要包括采样、________与编码。

2.12　异步传输的字符之间的时间间隔可以是________的。

2.13　光纤通过内部的________来传输一束经过编码的光信号。

2.14　利用数字通信信道直接传输数字数据信号的方法叫做________传输。

2.15　网络中常用的传输介质有：同轴电缆、________、光纤、无线与卫星通信信道。

2.16　PCM技术的典型应用是________数字化。

2.17　由热噪声引起的差错是一类________差错。

2.18　循环冗余编码的工作原理使用生成多项式 $G(x)$ 求得一个________多项式。

2.19　CRC校验码除了能检查出离散错外，还能检查出________。

2.20　接收端检查传送一帧数据出错，则通常采用________方法来纠正。

第3章　广域网、局域网与城域网技术发展趋势

从网络技术发展的角度，最先出现的是广域网，然后是局域网，城域网的研究是在局域网研究的基础上发展起来的。在 Internet 大规模接入需求的推动下，接入网技术的发展导致宽带城域网概念的演变与技术的发展。本章将系统地讨论广域网、城域网与局域网设计目标、核心技术、结构与标准。

3.1　广域网技术

3.1.1　广域网的主要特征

广域网具有以下两个的最基本的特征。

1）广域网是一种公共数据网络

广域网建设投资很大，管理困难，一般是由电信运营商负责组建、运营与维护。有特殊需要的国家部门与大型企业也需要组建自己使用和管理的专用广域网。电信运营商组建的广域网为广大用户提供高质量的数据传输服务，因此这类广域网属于公共数据网络(public data network，PDN)的性质。用户可以在公共数据网络上开发各种网络服务系统。用户要使用广域网服务，必须向广域网的运营商租用通信线路或其他资源。电信运营商必须按照合同的要求，为用户提供电信级 7×24 的服务。

2）广域网技术研究的重点是宽带核心交换技术

早期的广域网主要用于大型计算机系统的互联。用户终端接入到本地计算机系统，本地计算机系统再接入到广域网中。用户通过终端登录到本地计算机系统之后，才能实现对异地联网计算机资源的访问。针对这样一种结构，人们提出了资源子网与通信子网的两级结构的概念。随着 Internet 技术的发展，大量的广域网互联形成了 Internet 的宽带、核心交换平台，然后再通过城域网接入大量的局域网，构成新的层次型的网络结构。随着 Internet 技术的发展，大量的广域网互联形成了 Internet 的宽带、核心交换平台。因此，广域网技术研究的重点是：保证服务质量(quality of service，QoS)的宽带核心交换技术。

3.1.2　广域网技术发展的轨迹

1. 用于构成广域网的主要通信技术与网络类型

在广域网的发展过程中，可以用于构成广域网的网络类型主要有：

(1) 公共电话交换网-综合业务数字网-ATM 网；

(2) X.25 分组交换网-帧中继网；

(3) 光以太技术。

2. 广域网研究的技术思路

研究广域网的发展历史，人们会发现开发广域网技术与标准的研究人员有两类：一类是从事电信网技术的，另一类是研究计算机网络技术的。这两类技术人员的研究思路，以及对协议的表述方法存在着明显的差异，同时两者在技术是表现出竞争与互补的关系。

3. X.25 分组交换网、帧中继网与 ATM 网络技术

从事电话交换、电信网与通信技术的研究人员考虑问题的方法是：如何在成熟技术和广泛使用的电信网络基础上，将传统的语音传输业务和数据传输业务结合，这就出现了综合业务数字网、X.25 分组交换网、帧中继网与 ATM 网络技术的研究与应用。

1) X.25 分组交换网、帧中继网

早期，人们利用电话交换网(public switching telephone network，PSTN)的模拟信道，使用调制解调器(modem)，构成通过拨号建立通信节点之间线路连接的早期计算机网络，完成计算机之间的低速数据通信。

随着计算机网络与 ARPANET 的应用，欧洲开始准备组建自己的计算机网络。欧洲大部分国家都有一个隶属于政府的电信局(post telegraph and telephone，PTT)，由它来主管各国的各种通信系统，也包括计算机网络的建设。PTT 希望未来各国之间的网络能互相兼容，因此它们建议国际电信联盟 ITU 成立一个专门的委员会研究和制定计算机网络的标准。协议标准就是在这样的背景下产生的。1974 年，X.25 网问世。X.25 网是一个典型的分组交换网。由于初期研究 X.25 网时，使用的通信线路的通信质量都不是很好，传输速率低、误码率高，X.25 协议要采用很多的措施去解决通信质量问题，因此 X.25 协议结构复杂，协议运行的效率不高。随着光纤的大规模应用，X.25 网的缺点暴露得越来越明显。

1991 年，帧中继网(frame replay，FR)出现。帧中继网是一种用光纤替代传统电缆。由于光纤的传输速率高、误码率低，因此帧中继网可以简化 X.25 网络的协议。在传统的 X.25 网中，每个帧通过一个 X.25 交换机时大约要进行 30 次差错检测，以及其他各种处理操作。在一个帧中继网络中，一个帧通过每个帧中继交换机转发只需要执行 6 个步骤，这将明显减少帧通过转发节点的转发延时。实验结果表明，帧中继网转发延时要比 X.25 网降低一个数量级；帧中继网的吞吐量要比 X.25 网提高一个数量级以上。因此，人们通常将帧中继的帧转发过程称为 X.25 的流水线方式。

帧中继的设计目标主要是针对局域网之间的互联。它采用面向连接的方式，以合理的数据传输速率与低廉的价格为用户提供数据通信服务。由于帧中继网可以为用户提供一个“虚拟租用线路”，并且只有该用户可以使用这条“专线”，这就引出了虚拟专用网络(virtual private network，VPN)的概念。在公共帧中继网提供 VPN 服务能够提供较高的安全性和 QoS。帧中继网在早期的第二层(即数据链路层)VPN 技术领域一直占主导地位。

2) B-ISDN 与 ATM 网

现代通信的一个重要特点是信息的数字化及通信业务的多样化。在一些发达国家中，电话业务已经趋于饱和，但是一些非电话业务，例如传真、用户电报、电子邮件、可视图文，以及数据通信的发展极其迅速。现有的电话网、用户电报网、数据通信网等，只能分别为用户提供电话、用户电报和数据通信等业务。用户通过一条用户线路只能得到一种服务。当用户需要使用多种服务时，必须按服务类型分别申请多条用户线路。这种按业务组网的方式的缺点是用户成本高、线路利用率低。这些缺点严重阻碍着数据通信与网络的发展。在这种背景下，CCITT 提出将语音、数据、图像等业务综合在一个网内的设想，即建立综合业务数字网(integrated service digital network，ISDN)。ISDN 致力于实现以下目标：

(1) 提供一个在世界范围内协调一致的数字通信网络，支持各种通信服务，并在不同的国家采用相同的标准。

(2) 为在通信网络之间进行数字传输提供完整的标准。

(3) 提供一个标准的用户接口，使通信网络内部的变化对终端用户透明。

与单一业务的电信网不同，综合业务数字网的用户线路也可以供多种业务共用，在线路上可以同时传输电话、电报、数据等多种信息。ISDN 用户可以同时与多个用户通信，而且这些通信可以是不同业务类型。例如，用户与一个用户打电话的同时，还可以向另一个用户发传真。在 ISDN 中，用户只需提出一次申请，使用一对用户线、一个电话号码，就可以将多种业务终端接入网内，并且按统一的规程进行通信。由于 ISDN 可以实现语音、数据与图像的综合化，因此可以通过一条用户线路实现电话、传真、可视图文与数据通信的综合服务。由于综合业务数字网完全采用数字信道，因此能获得较高的通信质量与可靠性。ISDN 从 70 年代开始构思，80 年代开始研究和试验。1988 年各国迅速推动 ISDN 向商用化方向发展。

随着光纤、多媒体、高分辨率动态图像与文件传输技术的发展，人们对数据传输速率的要求越来越高。在 ISDN 标准还没有制定完成时，人们又提出了一种新型的宽带综合业务数据网(broadband-ISDN，B-ISDN)。设计 B-ISDN 的目标是将语音、数据、静态与动态图像的传输综合于一个通信网中，覆盖从低传输速率到高传输速率的各种非实时、实时与突发性的传输要求。CCITT 在 1990 年通过了 B-ISDN 的第一套建议，在 1992 年的白皮书中对这些建议进行了全面的修改补充并发布了一些新建议。由于传统的线路交换与分组交换网都很难胜任这种综合数据业务的需要，而异步传输模式(asynchronous transfer mode，ATM)技术能符合 B-ISDN 的需求，因此 B-ISDN 的传输网选择了 ATM 技术。

3) ATM 网络基本概念

人们在刚开始接触 ATM 技术时，总会对为什么将这种技术命名为“异步传输”感到疑惑。要解释这个问题，需要研究 ATM 与传统的 SONET/SDH 技术的区别。

在讨论电话交换网与同步光纤网(SONET)、同步数字体系(SDH)基本设计思想时一直在强调：系统数据在链路的传输是要严格地“同步”，全网需要使用统一的时钟。SONET 与 SDH 的同步指的是物理层。ATM 是一种面向连接的分组交换技术，它传输的数据单元是固定长度与格式的信元。信元是数据链路层的协议数据服务单元，信元也是插入 SDH 的帧中进行传输。如果采用“同步时分复用”的方法，则用户发送的信元插入 SDH 帧中的位置固定不变。同步时分复用要求在每个 SDH 帧中为每个用户分配固定的时间片,即使该用户没有数据发送,也不能让其他用户使用。ATM 信元交换采用"统计时分复用"方法分配带宽,每个用户发送的信元插到每个 SDH 帧中的位置并不固定不变。信元插到哪个 SDH 帧中,取决于链路的忙闲程度,则一个用户一次发送的信元到达目的节点的时间也是变化的。相对于"同步时分复用"的方法来说,ATM 的数据传输是"异步"的。

20 世纪 90 年代早期,电话公司的技术人员研究并提出 ATM 技术。他们希望 ATM 网能够承载语音通信、数据通信、有线电视、电报等所有形式的通信,将 ATM 网作为广域网、局域网、城域网都可以使用网络解决方案,同时能够解决 IP 网中存在的服务质量 QoS 问题。但是,经过这些年的发展,ATM 技术并没有达到设计人员期望的目标,目前它只用于电话交换网的内部主干网中,作为广域网的核心交换网使用,并用于 IP 数据的传输,普通用户并不会知道它的存在。

ATM 技术的主要特点表现在以下几个方面:

(1) ATM 采用的是一种面向连接的技术;

(2) ATM 采用信元(cell)作为数据传输单元;

(3) ATM 以统计时分多路复用方式动态分配带宽,能够适应实时通信的要求;

(4) ATM 没有链路对链路的纠错与流量控制,协议简单,数据交换效率高;

(5) ATM 的数据传输速率为 155Mbps～2.4Gbps。

ATM 是一种高速分组交换技术。在 ATM 交换方式中,文本、语音、视频等数据被分解为信元。信元的长度固定为 53B。信元由两个部分组成:5B 的信元头与 48B 的用户数据。ATM 信元长度确定为 53B 是一种折衷方案,它主要出于延时和效率两方面的考虑。使用 ATM 网络进行语音传输的研究人员坚持用短信元。对于 64Kbps 的话音业务,发送方通过采样量化填充 48B 的数据需要 6ms。若传输压缩的话音,则由打包引起的延时会更长。在网络传输过程中,延时将不断积累。在长途电话通信中,如果延时过长,例如大于几十毫秒,它产生的回声将影响通话质量。因此若主要业务是语音传输,则短信元较为理想。而从传输效率角度讲,当信元头长度固定后,用户数据越长,额外开销所占的比例越小,效率也越高,因此研究人员希望使用长信元传输数据文件。他们曾经提出过两种尺度方案,一种是 32B,另一种是 64B,最终采用折中的长度是 48B,信元长度最终被确定为 53B。显然 ATM 信元长度是针对话音通信提出的,对于计算机通信来说数据长度 48B 还是太短。

ATM 技术在保证传输的实时性与 QoS 方面的优势是 20 世纪 90 年代传输网络技术的一个重要突破。但是,它并没有像设计者预期的那样,将取代广域网、城域网和局域网,甚至取代电信网,成为"一统天下"的网络技术。其原因也很简单:一是造价和使用价格昂贵,二是它的协议与已经广泛流行的 IP 协议、803.3 Ethernet 协议不一致。用异构、造价昂贵的 ATM 技术去取代已经存在、大量的计算机网络和电信网是不现实的,而与 IP 网络紧密结合,各自发挥自己的特长是一条可行之路。因此,90 年代中期 ATM 网络开始广泛应用于广域网,成为 Internet 主干网的重要组成部分。今天看来,ATM 技术并没有达到预期的目标,但是它在 Internet 的发展过程中起到重要的作用。

3.1.3 光网络与光以太网技术的发展

1. 光网络的研究

Internet 业务正在呈指数规律逐年增长，与人们视觉有关的图像信息服务，如电视点播、可视电话、数字图像、高清晰度电视等宽带业务迅速扩大，远程教育、远程医疗、家庭购物、家庭办公等正在蓬勃发展，这些都必须依靠高性能的网络环境的支持。但是，如果完全依靠现有的网络结构，必然会造成业务拥挤和带宽“枯竭”，人们希望看到新一代网络-全光网络的诞生。

如果把网络传输介质的发展作为传输网划代的一个参考标准的话，那么可以将以铜缆与无线射频作为主要传输介质的传输网络作为第一代，以使用光纤作为传输介质的传输网络作为第二代，在传输网络中引入光交换机、光路由器等直接在光层配置光通道的传输网络就是第三代。图 3-1 给出了传输网演变的趋势。

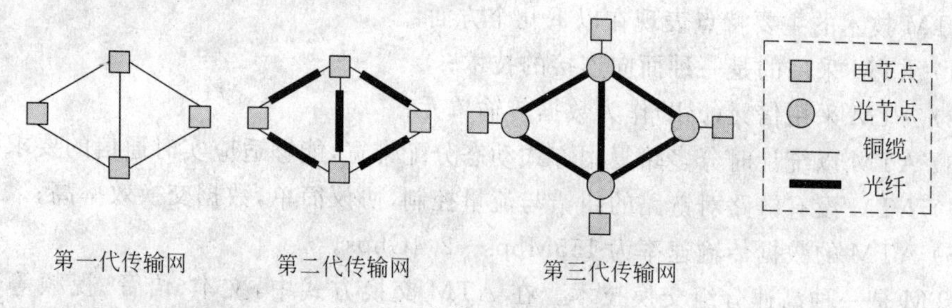

图 3-1 传输网的演变趋势

第一代传输网络以铜缆与无线射频为主，在发展过程中必然无法逾越带宽的瓶颈问题；第二代传输网络在主干线路使用了光纤，发挥了光纤的高带宽、低误码率、抗干扰能力强等优点，但是交换节点（如路由器）的电信号与光信号转换仍然是带宽的瓶颈；第三代全光网将以光节点取代现有网络的电节点，并使用光纤将光节点互联成网，利用光波完成信号的传输、交换等功能来克服现有网络在传输和交换时的瓶颈，减少信息传输的拥塞和提高网络的吞吐量。全光网是以光节点取代现有网络的电节点，并用光纤将光节点互联成网。信号在经过光节点时不需要经过光电与电光转换，在光域完成信号的传输、交换功能。随着信息技术的发展，全光网已经引起了人们极大的兴趣，一些发达国家都在对全光网的关键技术（例如设备、部件、器件和材料）开展研究，加速推进产业化和应用的进程。美国的光网络计划包括 ARPA Ⅰ 计划中的一部分、欧洲与美国一起进行的光网络计划、欧洲先进通信研究与技术发展、先进通信技术与业务等，以及 ARPA Ⅱ 全球网计划。ITU-T 也在抓紧研究有关全光网络的建议，全光网已被认为是未来通信网向宽带、大容量发展的首选方案。

1998 年，ITU-T 提出用光传输网络的概念取代全光网的概念，因为要在整个计算机网络环境中实现全光处理是困难的。2000 年以后，自动交换光网络（automatic switched optical network，ASON）的出现，引入了智能控制的很多方法，去解决光网络的自动路由发现、分布式呼叫连接管理，以实现光网络的动态配置连接管理。ASON 的优点主要表现在以下几个方面：

(1) 允许将网络带宽资源动态分配给路由，提高了带宽利用率，改善了系统性能。

(2) 降低了支持新业务配置管理软件的要求，减少了运营和管理的成本。

(3) 可以引入按需带宽配置的服务、分级的带宽服务、动态波长分配租用业务、动态路由分配与光层虚拟专网服务。

2. 光以太网(optical Ethernet)技术

1) 光以太网技术研究的背景

从事计算机网络的研究人员早期是在电信传输网的基础上，考虑如何在物理层利用已有的通信设备和线路，将分布在不同区域的计算机连接起来。在此基础上，他们把研究的重点放在物理层接口标准、数据链路层协议与网络层IP协议上。当局域网的光以太网技术日趋成熟和广泛应用时，他们调整了高速局域网的设计思路，在传输速率为1Gbps的Gigabit Ethernet(GE)与10Gbps的10Gigabit Ethernet(10GE)物理层设计中，考虑利用光纤作为远距离传输介质，将Ethernet技术从局域网扩大到城域网和广域网。预测2010年推出的传输速率为100Gbps的Gigabit Ethernet(100GE)也将遵循这种设计思路。目前看来，利用光以太技术促成广域网、城域网与局域网在技术上的融合的技术路线是有很好的发展前景的。

2) 光以太网的主要特征

从构造电信级的运营网络角度来看，传统的Ethernet技术还存在很多的不足。例如，Ethernet不能提供端—端的包延时和包丢失率控制，不支持优先级服务，不能保证QoS；不能分离网管信息和用户信息；不具备对用户的认证能力，按时间和流量计费造成困难。其实这是非常容易理解的，因为初期设计Ethernet时，只是考虑它如何在局域网环境中工作。从2000年下半年以来，一些电信设备公司提出了光以太的概念。光以太网的出现能够很好地解决上述问题。这种解决方案的核心是利用光纤的巨大带宽资源，以及成熟和广泛应用的Ethernet技术，为运营商建造新一代的网络提供技术支持。基于这样一个设计思想，一种可运营的光以太的概念应运而生，从根本上改变了电信运营商规划、建设、管理思想。

可运营光以太网的设备和线路必须符合电信网络99.999%的高运行可靠性。它要克服传统Ethernet的不足，具备以下特征：

(1) 能够根据终端用户的实际应用需求分配带宽，保证带宽资源充分、合理地应用。

(2) 具有认证与授权功能，用户访问网络资源必须经过认证和授权，确保用户和网络资源的安全及合法使用。

(3) 提供计费功能，能够及时获得用户的上网时间记录和流量记录，支持按上网时间、用户流量或包月计费方式，支持实时计费。

(4) 支持VPN和防火墙，可以有效地保证网络安全。

(5) 支持MPLS，具有一定的服务质量保证，提供分等级的QoS网络服务。

(6) 能够方便、快速、灵活地适应用户和业务的扩展。

3) 光以太的技术优势

光以太网的技术优势主要表现在以下两个方面。

(1) 组建同样规模的广域网或城域网，光以太网的造价是SONET的1/5，是ATM

的 1/10。

(2) IEEE 已经对速率从 10Mbps、100Mbps 、1Gbps 到 10Gbps 的 Ethernet 技术标准化了，未来将发展到 100Gbps，它能够覆盖从广域网、城域网到局域网的各种需求。

3.2 局域网技术

3.2.1 局域网技术发展的轨迹

在讨论局域网发展问题时，需要注意以下几个问题。

1. Ethernet 技术在局域网中的位置

在局域网的研究领域中，Ethernet 技术并不是最早的，但是它是最成功的。20 世纪 70 年代初期，欧美的一些大学和研究所已开始研究局域网技术。1972 年，美国加州大学研究了 Newhall 环网；1974 年，英国剑桥大学研制了 Cambridge Ring 环网。这些研究成果对局域网技术的发展起到了十分重要的作用。20 世纪 80 年代，局域网领域出现了 Ethernet 与令牌总线、令牌环的三足鼎立局面，并且各自都形成了相应的国际标准。到 20 世纪 90 年代，Ethernet 开始受到业界认可和广泛应用。21 世纪 Ethernet 技术已经成为局域网领域的主流技术。因此，在讨论局域网技术研究与发展时，首先要重点研究 Ethernet 技术的发展历程。

尽管 Ethernet 技术已获得重大的成功，但是它的发展道路也是很艰难的。1980 年左右，Ethernet 技术是有争议的。当时还有 IBM 公司研究的令牌环(Token Ring)网，以及通用汽车公司为实时控制系统设计的令牌总线(token bus)网，三者之间竞争非常激烈。与采用随机型介质访问控制方法的 Ethernet 比较，确定型的介质访问控制方法令牌总线网、令牌环网有以下几个主要的特点：适用于对数据传输实性要求较高的应用环境(例如生产过程控制)，适用于通信负荷较重的应用环境，但是环维护复杂，实现起来比较困难。

早期的 Ethernet 使用的传输介质(同轴电缆)的造价比较高。1990 年，IEEE 802.3 标准中的物理层标准 10BASE-T 的推出，使普通双绞线可以作为 10Mbps 的 Ethernet 传输介质。在使用普通双绞线以后，Ethernet 组网的造价降低，性能价格比大大提高。

同时，相对于其他几种网络协议来说，Ethernet 的协议的开放性使得它很快就得到了很多集成电路制造商、软件厂商的支持，出现了多种那个实现 Ethernet 算法的超大规模集成电路芯片，以及很多支持 Ethernet 的网络操作系统与应用软件，这就使 Ethernet 在与其他局域网竞争中占据了明显优势。Ethernet 交换机产品的面世，标志着交换式 Ethernet 的出现，更进一步加强了 Ethernet 在市场竞争中的优势地位。

网络操作系统 NetWare、Windows NT Server、IBM LAN Server 及 UNIX 操作系统的应用，使 Ethernet 技术进入成熟阶段。基于传统 Ethernet 的高速 Ethernet、交换式 Ethernet、虚拟局域网与局域网互联技术的研究与发展，使 Ethernet 得到更为广泛的应用。

图 3-2 给出了局域网技术演变过程的示意图。

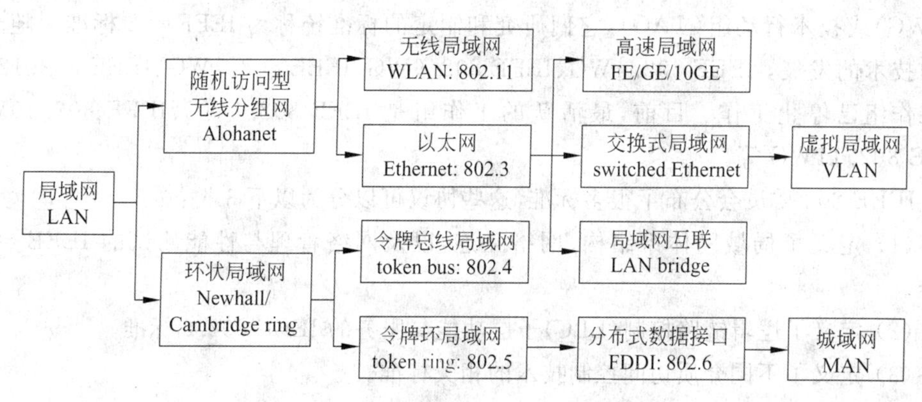

图 3-2　局域网技术演变过程示意图

2. IEEE 802 参考模型的演变

为了解决局域网协议标准化问题，IEEE 在 1980 年 2 月成立局域网标准委员会（简称 IEEE 802 委员会），专门从事局域网标准化工作，并制定了 IEEE 802 标准。IEEE 802 标准的研究重点是解决在局部地区范围内的计算机联网问题，因此研究者只需面对 OSI 参考模型中的数据链路层与物理层，网络层及以上高层不属于局域网协议研究的范围。这就是最终的 IEEE 802 标准只制定对应 OSI 参考模型的数据链路层与物理层协议的原因。

在 1980 年成立 IEEE 802 委员会时，局域网领域已经有 3 类典型技术与产品：Ethernet、token bus、token ring 网。同时，市场上还有很多种不同厂家的局域网产品，它们的数据链路层与物理层协议都各不相同。面对这样一个复杂的局面，要想为多种局域网技术和产品制定一个共用的协议模型，IEEE 802 标准的设计者提出将数据链路层划分为两个子层：逻辑链路控制（logical link control，LLC）子层与介质访问控制（media access control，MAC）子层。不同局域网在 MAC 子层和物理层可以采用不同协议，但是在 LLC 子层必须采用相同的协议。这点与网络层 IP 协议的设计思路相类似。不管局域网的介质访问控制方法与帧结构，以及采用的物理传输介质有什么不同，LLC 子层统一将它们封装到固定格式的 LLC 帧中。LLC 子层与低层具体采用的传输介质、介质访问控制方法无关，网络层可以不考虑局域网采用哪种传输介质、介质访问控制方法和拓扑构型。这种方法在解决异构的局域网互联问题上是有效的。

经过多年的激烈市场竞争，局域网从开始的“混战”局面转化到 Ethernet、令牌总线网与令牌环网“三足鼎立”的竞争局面，最终 Ethernet 突破重围，形成“一枝独秀”的格局。从目前局域网的实际应用情况来看，几乎所有办公自动化中大量应用的局域网环境（例如企业网、办公网、校园网）都采用 Ethernet 协议，因此局域网中是否使用 LLC 子层已变得不重要，很多硬件和软件厂商已经不使用 LLC 协议，而是直接将数据封装在 Ethernet 的 MAC 帧结构中。网络层 IP 协议直接将分组封装到以太帧中，整个协议处理的过程也变得更加简洁，因此人们已经很少去讨论 LLC 协议。目前，多数教科书与文献已不再讨论 LLC 协议，软件编写也不需要考虑 LLC 协议的实现问题。

IEEE 802 委员会为制定局域网标准而成立一系列组织，例如制定某类协议的工作组(WG)或技术行动组(TAG),它们研究和制定的标准统称为 IEEE 802 标准。随着局域网技术的发展,IEEE 802.4WG、IEEE 802.6WG、IEEE 802.7WG、IEEE 802.12WG 等工作组已停止工作。目前,最活跃的工作组是 IEEE 802.3WG、IEEE 802.10WG、IEEE 802.11WG 等。

IEEE 802 委员会公布了很多标准,这些协议可以分为以下 3 类:

(1) 定义了局域网体系结构、网络互连,以及网络管理与性能测试的 IEEE 802.1 标准。

(2) 定义了逻辑链路控制(LLC)子层功能与服务的 IEEE 802.2 标准。

(3) 定义了不同介质访问控制技术的相关标准。

第三类标准曾经多达 16 个。随着局域网技术的发展,应用最多和正在发展的标准主要有 4 个,其中 3 个是无线局域网的标准,而其他标准目前已经很少使用。图 3-3 给出了简化的 IEEE 802 协议结构。4 个主要的 IEEE 802 标准如下所示。

① IEEE 802.3 标准:定义 Ethernet 的 CSMA/CD 总线介质访问控制子层与物理层标准。

② IEEE 802.11 标准:定义无线局域网访问控制子层与物理层的标准。

③ IEEE 802.15 标准:定义近距离个人无线网络访问控制子层与物理层的标准。

④ IEEE 802.16 标准:定义宽带无线网络访问控制子层与物理层的标准。

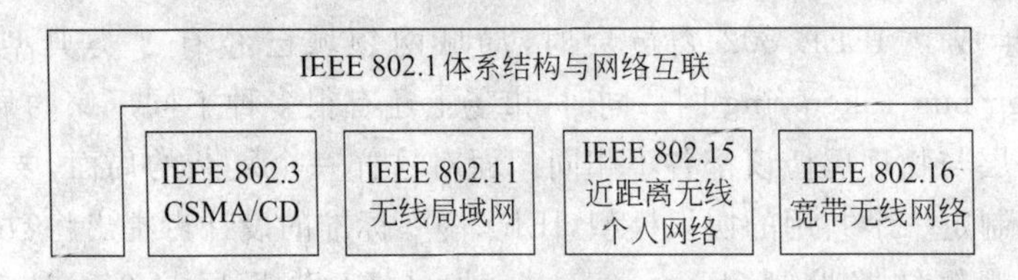

图 3-3 简化的 IEEE 802 协议结构

3.2.2 Ethernet 的基本工作原理

1. Ethernet 技术形成的背景

Ethernet 的核心技术是共享总线的介质访问控制的介质采取、多路访问/冲突检测(CSMA/CD)方法,而它的设计思想是来源于 Aloha 网(Alohanet)。Alohanet 出现在 20 世纪 60 年代末期。夏威夷大学的 Norman Abramson 和同事们为了在位于夏威夷各个岛屿上的不同校区之间进行计算机通信,研究了一种以无线广播方式工作的分组交换网。Alohanet 使用的是一个共用的无线电信道,支持多个节点对一个共享的无线信道的"多路访问"。Alohanet 中心节点是一台位于瓦胡岛校园的 IBM 360 主机,它要通过学校的无线通信网与分布在各个岛屿的计算机终端通信。最初设计时的数据传输速率为 4800bps,以后提高到 9600bps。Alohanet 的信道方向的规定是以 IBM 360 主机为基准,从 IBM 360 主机到终端的无线通信信道为下行信道,而从终端到 IBM 360 主机的无线通信信道为上行信道。下行信道是一台 IBM 360 主机向多个终端通过广播方式发送数据,因此不会出现冲突。但是，当多个终端利用上行信道向 IBM 360 主机传输数据时，就可能出现两个或两个以上的终端同时争用一个通信信道而产生“冲突”的情况。解决“冲突”的办法只有两种：一种是集中控制的方法，另一种是分布控制的方法。集中控制是一种传统的方法，需要在系统中设置一个中心控制节点，由中心控制节点决定哪个终端中可以使用共用的上行信道发送数据，从而避免出现多个终端争用一个上行信道的“冲突”现象。但是，由于系统中存在着一个控制中心，因此控制中心会成为系统性能与可靠性瓶颈。Alohanet 采用的是分布式控制方法。

1972 年，Bob Metcalfe 和同事 David Boggs 开发出第一个实验性的局域网系统，实验系统的数据传输率达到 2.94Mbps。

1973 年 5 月 22 日，Bob Metcalfe 和 David Boggs 在“Alto Ethernet”文章中提出了 Ethernet 工作原理设计方案。他们受到 19 世纪物理学家解释光在空间中传播的介质“以太(ether)”的影响，把这种局域网命名为 Ethernet。

1976 年 7 月，Bob Metcalfe 和 David Boggs 发表了具有里程碑意义的论文“Ethernet：局部计算机网络的分布式包交换”。在 Ethernet 中，任何节点都没有可预约的发送时间，它们的发送都是随机的，并且网中不存在集中控制的节点，网中节点都必须平等地争用发送时间，这种介质访问控制属于随机争用型方法。

1977 年，Bob Metcalfe 和同事们共同申请了 Ethernet 专利。

1978 年，Ethernet 中继器也获得了专利。

1980 年，Xerox、DEC 与 Intel 等 3 个公司合作，第一次公布了 Ethernet 的物理层、数据链路层规范。

1981 年，Ethernet V2.0 规范公布。IEEE 802.3 标准是在 Ethernet V2.0 的基础上制定的，它的制定推动了 Ethernet 技术的发展。

1982 年，第一片支持 IEEE 802.3 标准的超大规模集成电路芯片——Ethernet 控制器问世。很多软件公司开发出支持 802.3 标准的网络操作系统及各种应用软件。

1990 年，IEEE 802.3 标准中的物理层标准 10Base-T 的推出，使普通双绞线可以作为 10Mbps 的 Ethernet 传输介质。

1993 年，Kalpana 研究了全双工 Ethernet，它改变传统 Ethernet 依靠单根传输介质的半双工的工作模式，使得 Ethernet 的带宽增加一倍。在此基础上，利用光纤作为传输介质的物理层标准 10Base-F 和产品的推出，使 Ethernet 技术最终从三足鼎立中脱颖而出。

2. Ethernet 的核心技术—CSMA/CD 介质访问控制方法

Ethernet 是一种典型的总线结构。图 3-4 给出了总线局域网的拓扑结构。总线局域网的介质访问控制方法采用“共享介质”方式。

总线 Ethernet 的主要特点是：

(1) 所有节点都通过网卡连接到作为公共传输介质的总线上。

(2) 总线通常采用双绞线或同轴电缆作为传输介质。

(3) 所有节点都可以通过总线发送或接收数据，但是一段时间内只允许一个节点通过总线发送数据。当一个节点通过总线以“广播”方式发送数据时，其他节点只能以“收

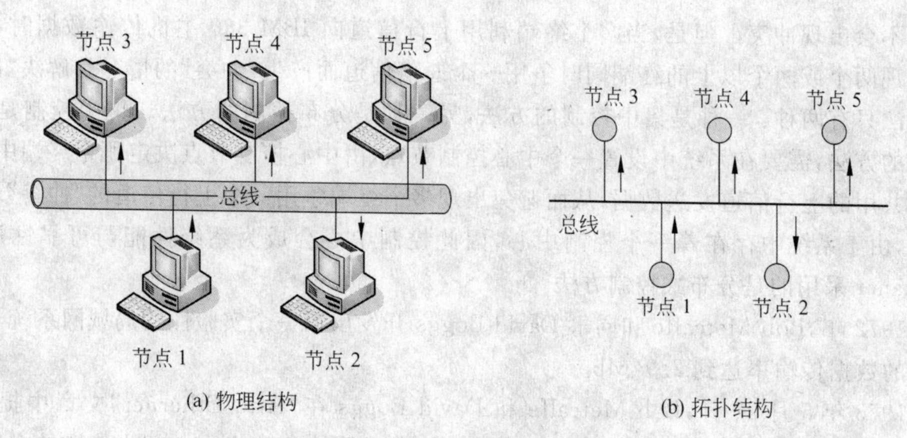

图 3-4　总线局域网的拓扑结构

听”方式接收数据。

(4) 由于总线作为公共传输介质为多个节点共享，就可能出现同一时刻有两个或以上节点通过总线发送数据的情况，因此会出现冲突(collision)而造成传输失败。图 3-5 给出了总线局域网的冲突情况。

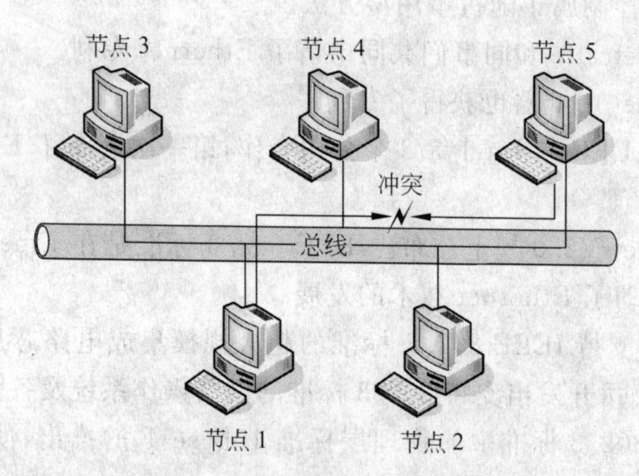

图 3-5　总线局域网的冲突情况

(5) 在总线局域网实现技术中，必须解决多个节点访问总线的介质访问控制(MAC)问题。

介质访问控制方法是指控制多个节点利用公共传输介质发送和接收数据的方法。介质访问控制方法是所有“共享介质”类型局域网都必须解决的问题。介质访问控制方法需要解决以下 3 个问题：

① 哪个节点可以发送数据？

② 发送时是否会出现冲突？

③ 出现冲突怎么办？

Ethernet 的核心技术是“带有冲突检测的载波侦听多路访问(carrier sense multiple access with collision detection，CSMA/CD)控制方法”。CSMA/CD 方法用来解决多节点如何共享共用总线的问题。

可以举一个在教室举行班会的例子来说明局域网访问控制(MAC)方法的设计思想。班会上每次只能由一位学生或老师发言。如果有两个人或者是多个人同时抢着发言,那么其他人就会听不清楚任何一个发言者的话。解决"该谁发言"的问题有 3 种基本的方法。一是由主持会议的老师或者是班长决定从举手请求发言的同学中指定一个人发言;二是按照座位的位置,按一定的顺序挨个发言;三是打算发言的同学举手,大家看看谁先举手,谁就发言。

第一种方法最简单,也最有效,但是需要有一个会议的主持人,这在局域网中专门设置一台计算机,用来决定哪台计算机可以发送数据。这种办法的好处之一是,如果这台计算机出现故障了,整个局域网就会"瘫痪"。按照这种思想设计的局域网属于集中控制的局域网。

第二种方法属于分布式控制的方法,并且也很有效,但是如果有人临时退出会场,或者是临时有人加入的话,人们之间又需要重新调整发言的次序。这在局域网中属于"令牌总线局域网(token bus)"。这种访问控制方法的好处是每一位发言人都有机会发言,并且多长时间可以发言的时间是能够确定的,因此属于"确定型"的访问控制方法。这种方法的缺点是:环中的节点退出与新节点的加入,以及维护环的控制访问的"令牌"机制复杂,实现的成本也高。

第三种方法属于分布式、"随机访问"控制类型。如果每一台局域网中计算机自己确定是不是应该发言,更恰当的比喻是很多人在一间黑屋子中举行班会,参加会议的人都只能听到其他人的声音。每个人在说话前必须先倾听,只有等会场安静下来后,他才能够发言。人们将发言前需要监听以确定是否已有人在发言的动作称为"载波侦听";将在会场安静的情况下,每人都有平等的机会讲话称为"多路访问";如果在同一时刻有两人或两人以上同时说话,大家就无法听清其中任何一人的发言,这种情况称为发生"冲突"。发言人在发言过程中需要及时发现是否发生冲突,这个动作叫做"冲突检测"。如果发言人发现冲突已经发生,这时他需要停止讲话,然后随机后退延迟,再次重复上述过程,直至讲话成功。如果失败的次数太多,他也许就放弃这次发言的想法。

CSMA/CD 方法与上面描述的过程相似。在 Ethernet 中,如果一个节点要发送数据,它以"广播"方式将数据通过作为公共传输介质的总线发送出去,连在总线上的所有节点都能"收听"到这个信号。由于网中所有节点都可以利用总线发送数据,并且网络中没有控制中心,因此冲突的发生将不可避免。为了有效实现多个节点访问公共传输介质的控制策略,CSMA/CD 的发送流程可以简单概括为"先听后发,边听边发,冲突停止,延迟重发"。

如果一个 Ethernet 节点成功地取得利用总线发送数据帧的权力时,其他节点都应该处于接收状态。由于 802.3 协议规定了帧的最小长度与最大长度,因此当一个节点接收到一个帧之后,它首先要判断接收的帧长度。如果接收帧长度小于规定的帧最小长度,则表明冲突发生,应该丢弃该帧,节点重新进入等待接收状态。

如果没有发生冲突,则节点完成一帧数据接收后,首先需要检查帧的目的地址。如果目的地址为单一节点的物理地址,并且是本节点地址,则接收该帧。如果目的地址是组地址,而接收节点属于该组,则接收该帧。如果目的地址是广播地址,也应该接收该帧。如果目的地址不符，则丢弃该接收帧。

接收节点进行地址匹配后，如果确认是应该接收的帧，下一步则进行 CRC 校验。如果 CRC 校验正确，则进一步检测 LLC 数据长度是否正确。如果 CRC 校验与 LLC 数据长度都正确，则将帧中 LLC 数据送 LLC 子层，报告“成功接收”并进入结束状态。

3. Ethernet 网卡的设计

从以上讨论中可以看出，CSMA/CD 介质访问控制方法可以有效地实现多节点对共享总线传输介质访问的控制。IEEE 802.3 标准就是在 CSMA/CD 介质访问控制方法的基础上形成的，很多计算机公司与超大规模集成电路厂商都支持 802.3 标准。

从实现角度看，构成 Ethernet 网络连接的设备由三部分网卡、收发器和收发器电缆组成；从功能角度看，它包括发送与接收信号的收发器、曼彻斯特编码与解码器、Ethernet 数据链路控制(Ethernet data link control，EDLC)、帧装配及与主机的接口；从层次角度看，这些功能覆盖了 IEEE 802.3 协议的介质访问控制(MAC)子层与物理层。

Ethernet 网络收发器实现节点与总线同轴电缆的电信号连接，完成数据发送与接收、冲突检测功能。收发器电缆完成收发器与网卡的信号连接。同时收发器又可以方便地起到节点故障隔离的作用。如果节点机器出现故障，收发器就可以将节点与总线传输介质隔离。

4. Ethernet 物理地址

接入局域网计算机之间要实现相互通信就必须使用地址。在局域网中，每一台计算机都是通过网卡接入局域网的，那么网卡的地址就可以表示接入局域网的节点计算机的地址。由于局域网的地址可以固化在网卡的 ROM 之中，因此人们将网卡地址称为“物理地址”。同时，由于 Ethernet 物理地址用于 802.3 协议的介质访问控制(MAC)子层的帧之中，因此 Ethernet 物理地址也叫做“MAC 地址”。

Ethernet 物理地址的长度为 48 位，允许分配的 Ethernet 物理地址应该有 2^{47} 个，这个物理地址的数量可以保证全球所有 Ethernet 物理地址的需求。

为了统一管理 Ethernet 的物理地址，保证每一块 Ethernet 网卡的地址是唯一的，不会出现重复。IEEE 注册管理委员会(registration authority committee，RAC)为每一个网卡生产商分配 Ethernet 物理地址的前三字节，即公司标识(commpany-id)，也叫做机构唯一标识符(organizationally unique identifier，OUI)。后面的三字节由网卡的厂商自行分配。48 位的地址称做 EUI-48。EUI(extended unique identifier)表示扩展的唯一标识符。在网卡生产过程中，可以将该地址写入网卡的只读存储器(EPROM)中。如果插入这块网卡的计算机的 Ethernet 物理地址就是 08-01-00-2A-10-C3，而且不管它连接在哪一个具体的物理局域网中，也不管这台计算机移动到什么位置，它的物理地址都是不变的，而且不会与世界上任何一台机器的 Ethernet 物理地址相同。图 3-6 给出了一个 Ethernet 物理地址的十六进制与二进制的表示方法。

5. Ethernet 技术进一步发展的思路

促进局域网发展的直接因素是个人计算机的广泛应用。在过去 20 年中，计算机的处理速度已经提高了百万倍，但是网络数据传输速率只提高了上千倍。从理论上来说，一台微通道或 ISA 总线的微型机能产生大约 250Mbps 的流量，如果 Ethernet 仍保持 10Mbps

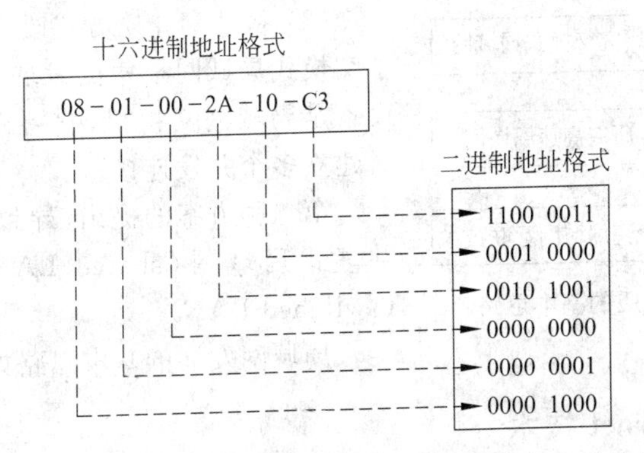

图 3-6　Ethernet 物理地址的十六进制与二进制表示方法

的数据传输速率，显然是不能适应的。

个人计算机的处理速度迅速上升，而价格却在很快下降，这进一步促进了个人计算机的广泛应用。大量用于办公自动化与信息处理的计算机必然要联网，这就造成局域网规模的不断增大和网络通信量的进一步增加。因此，局域网的带宽与性能已不能适应要求。各种新的应用不断提出，个人计算机已从初期简单的文字处理、信息管理等应用发展到分布式计算、多媒体应用，用户对局域网的带宽与性能也有了更高的要求。同时，新的基于 Web 的 Internet 应用也要求更高的带宽。这些因素促使人们研究高速局域网技术，希望通过提高局域网的带宽来改善局域网的性能，以适应各种新的应用环境的要求。

传统的局域网技术建立在"共享介质"的基础上，网中的所有节点共享一条共用的通信传输介质。介质访问控制方法用来保证每个节点都能"公平"地使用传输介质。在网络技术的讨论中，人们经常将数据传输速率称为信道带宽。例如，Ethernet 的数据传输速率为 10Mbps，那么它的带宽为 10Mbps。可以粗略做一个估算，如果局域网中有 N 个节点，那么每个节点平均能分配到的带宽为 $10/N$(Mbps)。显然，随着局域网规模的不断扩大，节点数 N 的不断增加，而带宽不变，那么每个节点平均能分配到的带宽将越来越少。也就是说，当网络节点数 N 增大时，网络通信负荷加重，冲突和重发次数将大幅增长，网络线路的利用率急剧下降，网络传输延迟明显增加，网络服务质量将会显著下降。

为了克服网络规模与网络性能之间的矛盾，人们提出了以下 3 种可能的解决方案：

(1) 提高 Ethernet 的数据传输速率，从 10Mbps 提高到 100Mbps，甚至提高到 1Gbps 或 10Gbps，这就导致了高速局域网技术的研究。在这个方案中，无论局域网的传输速率提高到 100Mbps 还是 10Gbps，甚至是 100Gbps，它们的 Ethernet 帧结构都应该基本保持不变。

(2) 将一个大型局域网划分成多个用网桥或路由器互联的子网，这就导致了局域网互联技术的发展。网桥与路由器可以隔离子网之间的交通量，使每个子网作为一个独立的小型局域网。通过减少每个子网内部节点数 N 的方法，使每个子网的网络性能得到改善，而每个子网的介质访问控制仍采用 CSMA/CD 方法。

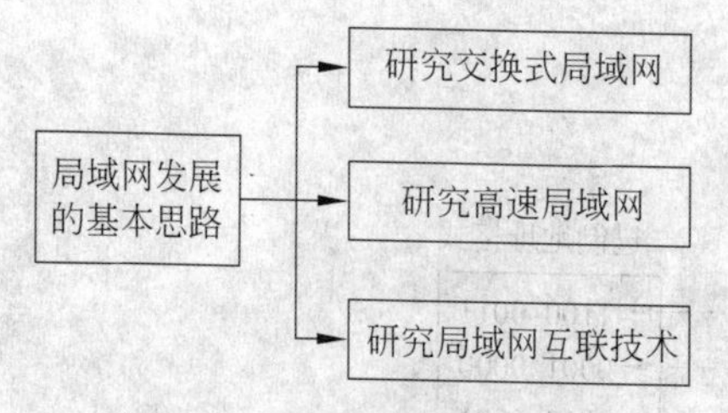

图 3-7　局域网发展的基本思路

(3) 将共享介质方式改为交换方式,这就导致了交换式局域网技术的发展。交换局域网的核心设备是局域网交换机,它可以在多个端口之间同时建立多个并发连接。

第三种方案的提出,导致局域网被分为两类:共享式局域网(shared LAN)和交换式局域网(switched LAN)。

局域网发展的基本思路如图 3-7 所示。

3.2.3　高速 Ethernet 技术

高速 Ethernet 技术研究的原则是:在保持与传统 Ethernet 兼容性的前提下,提高局域网传输速率与性能,扩大覆盖范围。

快速以太网(fast Ethernet,FE)

1995 年 IEEE 802 委员会正式批准快速以太网的协议标准为 IEEE 802.3u。IEEE 802.3u 标准具有以下几个主要的特点:

(1) 保留着传统以太帧的结构与 MAC 子层的 CSMA/CD 方法,对物理层做了调整。

(2) 定义了新的物理层标准,并提供 10Mbps 与 100Mbps 速率自动协商功能。

(3) 定义了介质专用接口(media independant interface,MII),它将 MAC 子层与物理层分隔开来。这样物理层在实现 100Mbps 速率时,传输介质和信号编码方式的变化不会影响 MAC 子层。

1) 吉比特以太网(Gigabit Ethernet,GE)

1995 年 11 月,IEEE 802.3 委员会成立了高速网研究组。

1996 年 8 月,IEEE 802.3z 工作组成立,其主要任务是研究多模光纤与屏蔽双绞线的吉比特 Ethernet 物理层标准。

1998 年 2 月,IEEE 802 委员会正式批准吉比特以太网标准 IEEE 802.3z。

IEEE 802.3z 标准具有以下主要的特点:

(1) 保留了传统 Ethernet 的帧结构与帧的最小、最大长度的规定。

(2) 定义了千兆介质专用接口(gigabit MII,GMII),将 MAC 子层与物理层分隔开来,使得在 1Gbps 传输速率时,物理层传输介质和信号编码方式的变化不会影响 MAC 子层。

(3) 为适应数据速率提高带来的变化,对 CSMA/CD 介质存取控制方法做一些修改。这些修改表现在:冲突窗口时间的改变、载波扩展与短帧的发送、帧突发处理。

(4) 延续了自动协商的概念,并将它扩展到光纤连接中。吉比特以太网的自动协商主要用于协调链路两端节点是半双工还是全双工,以及流量控制是对称还是非对称的。

2) 十吉比特以太网(10Gigabit Ethernet,10GE)

1999 年 3 月,IEEE 高速研究组成立,其任务是致力于十吉比特以太网研究。

2002 年 6 月,IEEE 802.3ae 委员会通过十吉比特以太网的正式标准。

十吉比特以太网并非简单地将吉比特以太网的速率提高 10 倍。十吉比特以太网的物理层使用光纤通道技术,因此它的物理层协议需要进行修改。十吉比特以太网定义了两种不同的物理层标准:十吉比特以太网局域网标准(Ethernet LAN,ELAN)与十吉比特以太网广域网标准(Ethernet WAN,EWAN)。

十吉比特以太网标准的制定遵循了技术可行性、经济可行性与标准兼容性的原则,目标是将 Ethernet 从局域网扩展到城域网与广域网,成为城域网与广域网主干网的主流技术。

十吉比特以太网具有以下几个特点:

(1) 保留 IEEE 802.3 标准对以太最小帧长度和最大帧长度的规定。这就使用户在将其已有的 Ethernet 网升级时,仍然便于和较低速率的 Ethernet 进行通信。

(2) 由于数据传输速率高达 10Gbps,因此传输介质不再使用铜质的双绞线,而只使用光纤,以便能在城域网和广域网范围内工作。

(3) 十吉比特以太网只工作在全双工方式,因此不存在介质争用的问题。由于不需要使用 CSMA/CD 工作机制,这样传输距离不再受冲突检测的限制。

人们可以设想,当局域网从传统 10Mbps 升级到 100Mbps、1Gbps 或 10Gbps 时,网络技术人员不需要重新进行培训,所有的网络硬件、软件都可以使用。相比之下,如果将现有的 Ethernet 互联到作为主干网的 622Mbps 的 ATM 网,由于 Ethernet 与 ATM 网工作机制存在较大差异,这就会出现异型网互联的复杂问题。Ethernet 发送的帧格式必须经过转换才能被 ATM 网接受,这种 Ethernet over ATM 的协议转换必然造成系统性能下降。另一方面,熟悉 Ethernet 的人员可能并不一定熟悉 ATM 技术,则这些网络技术人员需要重新培训。因此,如果在局域网到城域网、广域网都采用 Ethernet 技术,无论在已有网络设备投资的保护、已开发软件的继续使用,到网络管理维护人员、网络软件开发人员的培训等方面,Ethernet 技术的一体化解决方案都有着明显的优势。预测 2010 年将完成数据传输速率为 100Gbps 的 Ethernet 标准。Ethernet 技术的发展过程可以用图 3-8 来表示。

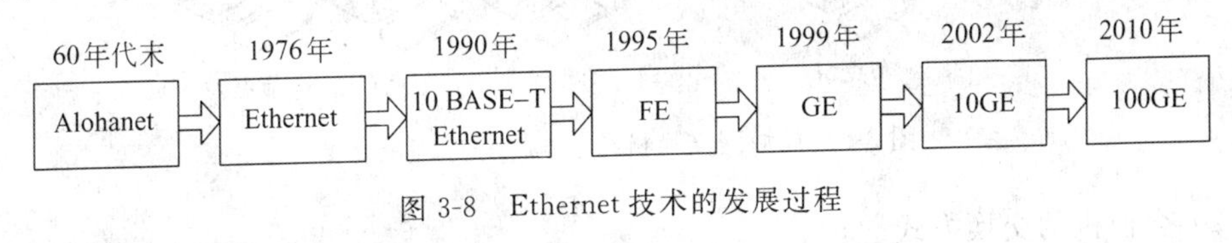

图 3-8 Ethernet 技术的发展过程

3.2.4 交换式局域网与虚拟局域网技术

1. 交换式局域网技术

1) 局域网交换机的工作原理

局域网交换技术在高性能局域网实现技术中占据了重要的地位。在传统的共享介质局域网中,所有节点共享一条共用传输介质,因此不可避免会发生冲突。随着局域网规模的扩大,网中节点数量不断增加,网络通信负荷加重时,网络效率就会急剧下降。为了克服网络规模与网络性能之间的矛盾,人们提出将共享介质方式改为交换方式,这就导致了交换式局域网的研究与发展。

交换式局域网的核心设备是局域网交换机,局域网交换机可以在它的多个端口之间建立多个并发连接。典型的局域网交换机结构与工作过程如图 3-9 所示。图中的交换机有六个端口，其中端口1、4、5、6分别连接了节点A、节点B、节点C与节点D。那么交换机的“端口号/MAC地址映射表”就可以根据以上端口号与节点MAC地址的对应关系建立起来。如果节点A与节点D同时要发送数据，则它们可以分别在以太网帧的目的地址字段(DA)中填上该帧的目的地址。例如，节点A要向节点C发送帧，那么该帧的目的地址DA=节点C；节点D要向节点B发送，则该帧的目的地址DA=节点B。当节点A、节点D同时通过交换机传送以太网帧时，交换机的交换控制中心根据“端口号/MAC地址映射表”的对应关系找出对应帧目的地址的输出端口号，那么它就可以为节点A到节点C建立端口1到端口5的连接，同时为节点D到节点B建立端口6到端口4的连接。这种端口之间的连接可以根据需要同时建立多条，也就是说可以在多个端口之间建立多个并发连接。

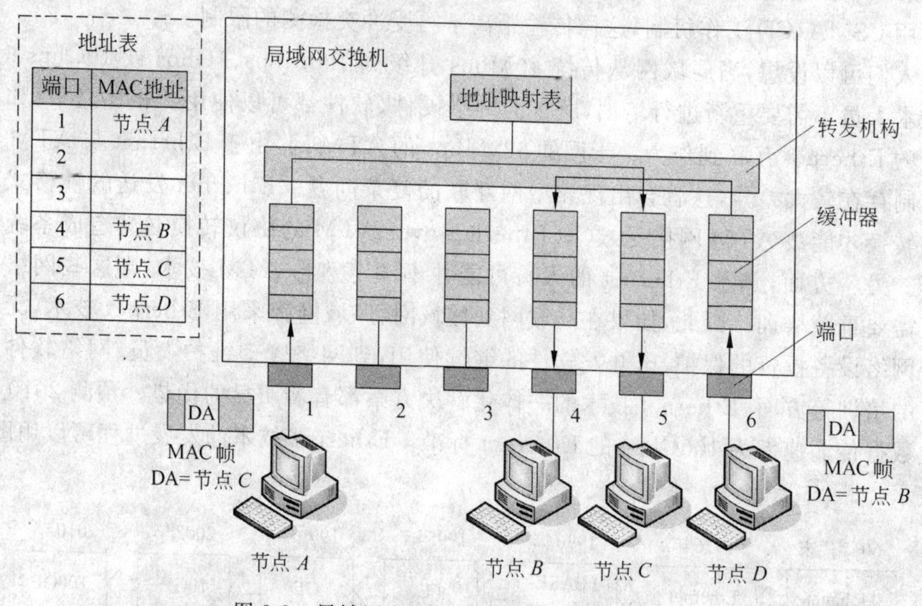

图3-9 局域网交换机结构与工作原理示意图

2) 交换机的交换方式

交换机的交换方式有多种类型，例如直接交换方式、存储转发交换方式与改进的直接交换方式。

(1) 直接交换方式：在直接交换(cut through)方式中，交换机只要接收并检测到目的地址字段，立即将该帧转发出去，而不管这一帧数据是否出错。帧出错检测任务由节点主机完成。这种交换方式的交换延迟时间短，但是缺乏差错检测能力。

(2) 存储转发交换方式：在存储转发(store and forward)方式中，交换机首先完整的接收发送帧，并先进行差错检测。如果接收帧是正确的，则根据帧目的地址确定输出端口号，然后再转发出去。这种交换方式的优点是具有帧差错检测能力，并能支持不同输入速率与输出速率端口之间的帧转发，缺点是交换延迟时间将会增长。

(3) 改进直接交换方式：改进的直接交换方式则将二者结合起来，它在接收到以太帧的前64字节后，判断以太网帧的帧头字段是否正确，如果正确则转发出去。这种方法对于短的以太网帧来说，其交换延迟时间与直接交换方式比较接近；而对于长的以太网帧来说，由于它只对帧的地址字段与控制字段进行了差错检测，因此交换延迟时间将会减少。

3）局域网交换机的性能参数

衡量局域网交换机性能的参数主要有最大转发速率、汇集转发速率与转发等待时间。

（1）最大转发率是指两个端口之间每秒最多能转发的帧数量，汇集转发速率是指所有端口每秒可以转发的最多帧数量。

（2）由于局域网交换机一般采用多个CPU并行工作，在多个端口之间建立起并发连接，并且以最快的速度转发数据帧，因此汇集转发速率远大于最大转发速率。

（3）转发等待时间是交换机作出过滤或转发决策需要的时间，它与交换机采用的交换技术相关。

由于Ethernet交换机完成帧一级的交换，它是工作在数据链路层，因此也叫做第二层交换机或2层交换。局域网交换机具有交换延迟低、支持不同传输速率和工作模式和支持虚拟局域网服务等优点。

2. 虚拟局域网技术

1）虚拟局域网技术研究的背景

虚拟局域网并不是一种新型的局域网，而是局域网向用户提供的一种新的服务。虚拟局域网是用户与局域网资源的一种逻辑组合，而交换式局域网技术是实现虚拟局域网的基础。1999年，IEEE公布了关于VLAN的802.1Q标准。

虚拟局域网(virtual LAN，VLAN)建立在交换技术的基础上。VLAN基本工作原理如图3-10所示。传统的局域网中的工作组必须在同一个网段上。多个逻辑工作组之间通过实现互联的网桥、交换机或路由器来交换数据。当一个逻辑工作组的节点要转移到另一个逻辑工作组时，就需要将节点计算机从一个网段撤出，并将它连接到另一个网段上，这时甚至需要重新进行布线。因此，逻辑工作组的组成受节点所在网段的物理位置限制。如果将局域网中的节点按工作性质与需要，划分成若干个"逻辑工作组"，则一个逻辑工作组就是一个虚拟网络。例如，节点N1-1～N1-4、N2-1～N2-4与N3-1～N3-4分别连接在交换机1、2、3的3个网段里，分布于3个楼层。如果我们希望将N1-1、N2-1、N3-1与N4-1，N1-2、N2-2、N3-2与N4-2，N1-3、N2-3、N3-3与N4-3，以及N1-4、N2-4、N3-4与N4-4分别组成4个逻辑工作组，成立4个分别用于产品设计、财务管理、市场营销与售后服务的内部网络，那么最简单的办法就是通过软件在交换机上设置4个VLAN即可实现。

2）VLAN的主要特点

虚拟网络是建立在局域网交换机之上的，它以软件方式来实现逻辑工作组的划分与管理，逻辑工作组中的节点组成不受物理位置的限制。同一逻辑工作组的成员不一定连接在同一个物理网段上，它们可以连接在同一个局域网交换机上，也可以连接在不同的局域网交换机上，只要这些交换机之间互联就可以。当一个节点从一个逻辑工作组转移到另一个逻辑工作组时，只需要简单地通过软件设定来改变逻辑工作组，而不需要改变它在网络中的物理位置。同一个逻辑工作组的节点可以分布在不同的物理网段上，但它们之间的通信就像在同一个物理网段上一样。

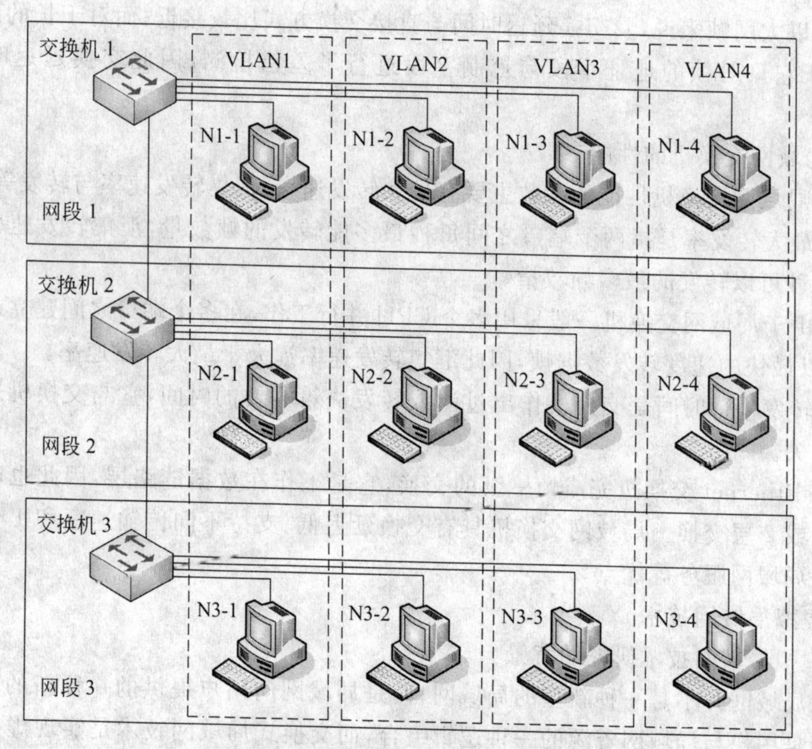

图 3-10　VLAN 基本工作原理示意图

3.2.5　无线局域网技术研究与发展

1. 无线局域网技术与 IEEE 802.11 标准

1）无线局域网技术研究的背景

无线局域网是实现移动计算网络的关键技术之一。无线局域网以微波、激光与红外线等无线电波作为传输介质来部分或全部代替传统局域网中的同轴电缆、双绞线与光纤，实现了移动计算网络中移动节点的物理层与数据链路层功能。

1987 年，IEEE 802.4 组开始进行无线局域网的研究。最初的目标是希望研究出一种基于无线令牌总线网的 MAC 协议。经过一段时间的研究之后，人们发现令牌总线方式不适合无线电信道的控制。

1990 年，IEEE 802 委员会决定成立一个新的 802.11 工作组，专门从事无线局域网的介质访问 MAC 子层协议和物理介质标准的研究。

2）无线局域网的应用领域

无线局域网不仅能满足移动和特殊应用领域的需求，还能覆盖有线网络难以涉及的范围。无线局域网的应用领域主要有以下 4 个方面。

(1) 作为传统局域网的扩充。

传统的局域网用非屏蔽双绞线实现了 10Mbps、100Mbps，甚至更高速率的数据传输，使得结构化布线技术得到了广泛地应用。很多建筑物在建设过程中预先已经布好了双绞线。但是在某些特殊的环境中，无线局域网却能发挥传统局域网起不到的作用。这一类环境主要是建筑物群之间、工厂建筑物之间的连接，股票交易等场所的活动节点，以及不能布线的历史古建筑物，临时性的小型办公室、大型展览会等。无线局域网提供了一种更有效的联网方式。在大多数情况下，传统的局域网用来连接服务器和一些固定的工作站，而移动和不易于布线的固定节点可以通过接入点(access point，AP)设备接入无线局域网。图 3-11 给出了典型的无线局域网结构示意图。

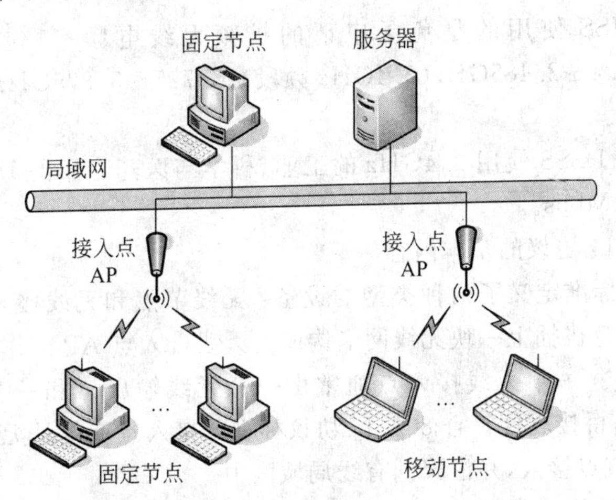

图 3-11　无线局域网结构示意图

(2) 用于建筑物之间的互连

无线局域网的另一个用途是连接邻近建筑物中的局域网。在这种情况下，两座建筑物使用一条点对点无线链路，连接的典型设备是无线网桥或无线路由器。

(3) 用于移动节点的漫游访问

带有天线的移动数据设备(例如笔记本计算机)与无线局域网集线器之间可以实现漫游访问。一种应用的例子是，在展览会会场的工作人员，他在向听众做报告时，通过他的笔记本计算机访问办公室里的服务器文件。漫游访问在大学校园或是业务分布于几幢建筑物的环境也是很有用的。用户可以带着他们的笔记本计算机随意走动，可以从任何地点接入到无线局域网。

(4) 用于构建特殊的移动网络

如果一群工作人员每人都有一个带有天线的笔记本计算机，他们被召集在一间房间里开业务会议或是讨论会，他们的计算机可以自组织成为一个暂时的无线网络，会议结束后这个网络也就没有必要存在了。这种情况在军事应用中也是很常见的。典型的 Ad hoc 网络结构如图 3-12 所示。

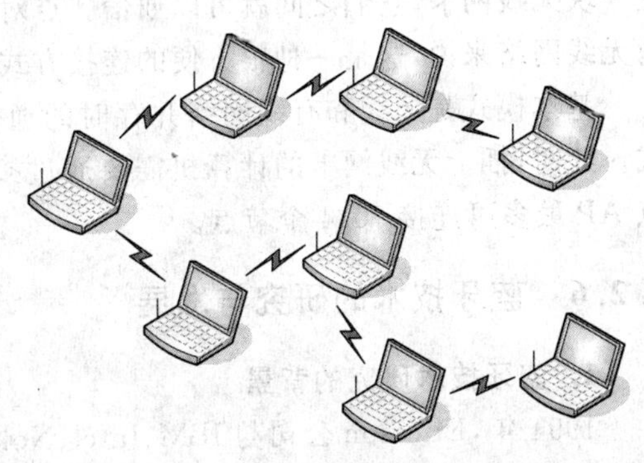

图 3-12　Ad hoc 网络结构示意图

3) 无线局域网技术的分类

无线局域网使用的是无线传输介质，按所采用的传输技术可以分为 3 类：红外线局域网、扩频局域网和窄带微波局域网。

(1) 红外无线局域网：红外无线局域

网的数据传输有3种基本技术：定向光束红外传输、全方位红外传输与漫反射红外传输。红外波长在850nm到950nm之间，数据速率为1Mbps和2Mbps。

(2) 扩频和窄带微波无线局域网：扩频无线局域网的数据传输有2种基本技术：跳频扩频(frequency hopping spread spectrum，FHSS)与直接序列扩频(direct sequence spread spectrum，DSSS)。

跳频扩频FHSS使用的是免予申请的扩频无线电频率，包括902～928MHz(915MHz频段)、2.4～2.485GHz(2.4GHz频段)、5.725～5.825GHz(5.8GHz频段)等3个频段。

直接序列扩频DSSS使用2.4GHz的工业、科学与医药专用的ISM频段，数据传输速率为1Mbps或2Mbps。

4) IEEE 802.11协议的基本内容

IEEE 802.11标准定义了两种类型的设备：无线节点和无线接入点(AP)。无线节点通常是在一台计算机插上一块无线网卡构成。无线接入点AP的作用是提供无线和有线网络之间的桥接。一个无线接入点通常由一个无线输出口和一个有线的网络接口(802.3接口)构成，桥接软件符合802.1d协议标准。接入点就像是无线网络的一个无线基站，将多个无线节点接入，并汇聚到有线局域网中。

IEEE 802.11协议的共享无线信道的信道访问控制(MAC)采用了带有冲突避免的载波侦听、多路访问(carrier sense multiple access with collision avoidance，CSMA/CA)方法。在多个节点争用共享无线信道时，802.11协议要求每一个发送节点在发送一帧之前需要先侦听信道。如果信道空闲，节点可以发送帧。发送站在发送完一帧之后，必须再等待一个短的时间间隔，检查接收站是否发回用于确认的ACK帧。如果接收到确认，则说明此次发送没有出现冲突，发送成功。如果在规定的时间内没有接收到确认，表明出现冲突，发送失败，重发该帧。直到在规定的最大重发次数之内，发送成功。

目前无线局域网802.11的物理层标准有多种，例如IEEE 802.11b、IEEE 802.11a和IEEE 802.11g。

IEEE 802.11b是目前应用最广泛的无线网技术，它的数据传输速率可以达到11Mbps。IEEE 802.11b运作模式基本分为两种：点对点模式和基本模式。

点对点模式是指无线网卡和无线网卡之间的通信方式。只要两台笔记本计算机都插上一块无线网卡，它们之间就可以通信。点对点模式可以支持多达256个节点，对于小型的无线网络来说，这是一种很方便的连接方式。

基本模式是无线和有线网络并存时的通信方式，这也是IEEE 802.11b最常用的方式。此时，插上无线网卡的计算机需要通过接入点AP接入到无线局域网中。一个接入点AP最多可连接1024个节点。

3.2.6 蓝牙技术的研究与发展

1. 蓝牙技术研究的背景

1994年，Ericsson公司与IBM、Intel、Nokia和Toshiba等4家公司共同发起，开发一个用于将计算机与通信设备、附加部件和外部设备，通过短距离的、低功耗的、低成本的无线信道连接的无线标准。这项技术被命名为蓝牙(Bluetooth)技术。

对于“蓝牙”名字的选用众说纷纭,但也有一个已被普遍接受的说法,它与一位丹麦国王的名字相关。Harald Blatand 大约是公元 940—985 年间的丹麦国王。据说在他统治期间统一了丹麦和挪威,并把基督教带入了斯堪的纳维亚地区,因此人们就将 Blatand 叫做 Bluetooth,中文直译为“蓝牙”。由于这项技术是在斯堪的纳维亚地区产生,因此技术的创始人就用这样名字命名,表达了他们要像当年的丹麦国王统一多国一样,统一世界很多公司“短距离无线通信”技术和产品的初衷。

世界上很多地方的电信业是受到严格限制的,例如电话系统必须遵守政府的规定,而电话标准又因国家的不同而不同。与此相似的很多无线通信设备也受到限制。通常,无线频段与传输功率的使用需要有许可证,并且受到严格的限制。蓝牙无线通信选用的频段在世界范围内不需要申请许可证,因此不管用户在任何地方都可以方便地使用具有蓝牙功能的无线通信设备。

1998 年 5 月,特别兴趣组 SIG 由 Ericsson、Intel、IBM、Nokia 和 Toshiba 等公司发起成立。SIG 不是由任何一个公司控制,而是由其成员通过法定协定来管理。目前,SIG 共有 1800 多个成员,包括消费类电子产品制造商、芯片制造厂家与电信业等。SIG 的主要任务是致力于发展蓝牙规范,但是 SIG 也许不会发展成一个正式的标准化组织。

2. 蓝牙规范与 IEEE 802.15 标准

1998 年 3 月,IEEE 成立了 802.15 工作组,致力于无线个人区域网络(wireless personal area network,WPAN)的物理层与数据链路层的协议标准化。

1999 年 7 月,SIG 率先发布了蓝牙规范 1.0 版。整个规范长达 1500 页,其中卷 1 是核心规范,卷 2 是协议子集。虽然蓝牙技术最初的目标只是去掉设备之间的连接电缆,但是很快它就扩大了研究范畴,开始涉及到无线局域网的工作领域中。

这件事情从一开始就不协调,蓝牙规范已经有细致的规范,而且它是针对整个系统的。在蓝牙规范 1.0 版发表后不久,IEEE 802.15 标准组决定采纳蓝牙规范作为基础,并开始对它进行修订。尽管这样的转变使得该标准更有应用价值,但是也造成了它与 IEEE 802.11 标准竞争的局面。

大多数网络协议的内容只涉及为通信实体提供信道的有关规定,并不涉及应用层协议。IEEE 802.3 与 IEEE 802.11 是按照传统的计算机网络体系结构思想来设计的,它只回答物理层与数据链路层的问题,并不涉及到高层协议。蓝牙技术的设计思路不一样。蓝牙规范 1.0 版除了对通信信道与通信过程做出了详细地规定之外,同时规定了 13 种网络应用所需的专门协议集。由于蓝牙系统的工作范围不大,从网络层到传输层都必须设计得很简单,使它有可能在一个通信协议的设计中考虑具体支持某种应用。但是,这种做法可能导致协议的庞大与复杂,因此蓝牙规范 1.0 版文本长达 1500 页也就很好理解,但是它与传统的计算机网络协议体系与工作模式是不一致的。

IEEE 802.15 工作组设有 4 个任务组(TG)。任务组 TG1 制定 IEEE 802.15.1 标准,它是基于蓝牙规范的通信标准,主要考虑手机、PDA 等设备的近距离通信问题。目前,蓝牙 SIG 仍在积极改进它的方案。蓝牙 SIG 和 IEEE 的版本不完全相同,期望在不久的将来它们会汇聚到同一标准中。另外,任务组 TG2 制定 IEEE 802.15.2 标准,主要考虑 IEEE 802.15.1 标准与 IEEE 802.11 标准的共存问题。任务组 TG3 制定 IEEE 802.15.3 标准，主要考虑 WPAN 在多媒体应用方面的高速率和服务质量问题。任务组 TG4 制定 IEEE 802.15.4 标准，主要考虑的是低速 WPAN 的应用问题，它追求的目标是低功耗、低速率与低成本。

IEEE 802.15 标准组仅对物理层和数据链路层进行了标准化，蓝牙规范的其他部分并没有被纳入该标准中。尽管像 IEEE 这样的中立机构来管理一个开放的标准，往往有助于一项技术的推广和应用，但是如果在一项事实上的工业标准出现后，又出现一个与它不兼容的新规范，对于技术发展来说未必是一件好事。

3.2.7 无线个人区域网与 IEEE 802.15.4 标准

1. 无线个人区域网的基本概念

随着手机、便携式计算机和移动办公设备的广泛应用，人们逐渐提出了自身附近几米范围内的个人操作空间(personal operating space，POS)设备联网的需求。个人区域网络(personal area network，PAN)与无线个人区域网络(wireless personal area network，WPAN)就是在这个背景下出现的。

IEEE 802.15 工作组致力于个人区域网的标准化工作，它的任务组 TG4 制定了 IEEE 802.15.4 标准，主要考虑低速无线个人区域网络(low-rate WPAN，LR-WPAN)应用问题。2003 年，IEEE 批准了低速无线个人区域网 LR-WPAN 标准——IEEE 802.15.4，为近距离范围内不同设备之间低速互连提供统一标准。

2. IEEE 802.15.4 标准的主要特点

与 WLAN 相比，LR-WPAN 网络只需很少的基础设施，甚至可以不需要基础设施。LR-WPAN 网络的特征与无线传感器网络有很多相似之处，很多研究机构也将它作为无线传感器网络的通信标准。IEEE 802.15.4 标准为 LR-WPAN 制定了物理层和 MAC 层协议，它具有以下几个主要的特点：

(1) 在不同的载波频率下实现了 20Kbps、40Kbps 和 250Kbps 三种不同的传输速率。

(2) 支持星状、点对点等两种网络拓扑结构。

(3) 使用 16 位和 64 位两种地址格式，其中 64 位地址是全球唯一的扩展地址。

(4) 支持冲突避免的载波多路侦听 CSMA/CA 技术。

(5) 支持确认机制，保证传输可靠性。

3.3 宽带城域网技术

3.3.1 城域网概念的发展与演变

1. 城域网技术研究的背景

Internet 的广泛应用推动了电信网络技术的高速发展，电信运营商的服务业务也从以语音服务为主，逐步向基于 IP 网络的数据业务方向发展。

2000 年前后，北美电信市场上出现了长途线路的带宽过剩的局面，许多长途电话公司和广域网运营公司纷纷倒闭。造成这种现象的主要原因是：使用低速调制解调器和电话线路接入到Internet的接入方式，已经不能满足人们的要求。低速调制解调器和电话线路带宽已经成为用户接入的瓶颈，使很多希望享受Internet服务的用户无法有效接入Internet。很多电信运营商虽然拥有大量的广域网带宽资源，却无法有效地解决本地大量用户的接入问题。人们发现，制约大规模Internet接入的瓶颈在城域网。如果要满足大规模Internet接入和提供多种Internet服务，那么电信运营商就必须提供全程、全网、端到端和可灵活配置的宽带城域网。

各国信息高速公路的建设促进了电信产业的结构调整，出现了大规模的企业重组和业务转移。在这样一个社会需求的驱动下，电信运营商纷纷把竞争的重点和大量的资金，从广域网骨干网的建设，转移到高效、经济、支持大量用户接入和支持多业务的城域网的建设之中，导致了世界性的信息高速公路建设的高潮，为信息产业的高速发展打下了坚实的基础。

2. 城域网概念的演变

1）早期城域网的技术定位

20世纪80年代后期，人们在计算机网络类型划分中以网络覆盖的地理范围为依据，提出了城域网的概念，同时将城域网的业务定位在城市地区范围内大量局域网系统的互联上。

IEEE 802委员会对城域网的定义是在总结FDDI技术特点的基础上提出的，它是相对于广域网与局域网而产生的。计算机网络按覆盖范围来划分，城域网是指能够覆盖一个城市范围的计算机网络，主要用于局域网的互联。

根据IEEE 802委员会的最初表述，城域网是以光纤为传输介质，能够提供45Mbps到150Mbps高传输速率，支持数据、语音与视频综合业务的数据传输，可以覆盖跨度在50公里到100公里的城市范围，实现高速宽带传输的一类数据通信网络。早期的城域网的首选技术光纤环网，典型的产品是光纤分布式数据接口（fiber distributed data interface，FDDI）。设计FDDI的目的是为了实现高速、高可靠性和大范围局域网互联。FDDI采用了光纤作为传输介质，传输速率为100Mbps，可以用于100公里范围内的局域网互联。FDDI支持双环结构，具备快速环自愈能力，能够适应城域网主干网建设的要求。IEEE 802.5协议规定了FDDI在介质访问子层上使用令牌环网控制方法。

现在看来，IEEE 802委员会对城域网的最初表述有一点是准确的，那就是光纤一定会成为城域网的主要传输介质，但是它对传输速率的估计保守了。随着Internet的应用和新的服务的不断出现，以及三网融合的发展，城域网的业务扩展到几乎能够覆盖所有的信息服务领域，城域网的概念也随之发生了重要的变化。

2）宽带城域网的定义

从现在的城域网技术与应用的现状看，现代城域网的一定是宽带城域网，它是网络运营商在城市范围内组建的、提供各种信息服务业务的网络的集合。

宽带城域网是以宽带光传输网为开放平台，以TCP/IP协议为基础，通过各种网络互联设备，实现语音、数据、图像、视频、IP电话、IP电视、IP接入和各种增值业务，并与广域计算机网络、广播电视网、电话交换网互联互通的本地综合业务网络。为了满足语音、数据、图像、多媒体应用的需求。现实意义上的城域网一定是能够提供高传输速率和保证服务质量 QoS 的网络，人们已经自然地将传统意义上的城域网扩展为宽带城域网。

应用的需求与技术的发展总是相互促进、协调发展。Internet 应用的快速增长，要求通信网络要满足用户新的需求；新的技术出现又促进新的 IP 网络应用的产生与发展。这点在宽带城域网的建设与应用中表现得更突出。由于低成本的 GE、10GE 技术的应用，使得局域网带宽快速增长。同时，光纤技术的广泛推广又导致广域网主干线路带宽的大扩展。宽带城域网的设计人员恰恰可以利用这些新技术，在广域网与局域网之间建立起互联的桥梁。这些技术既支持传统的语音业务，也支持对 QoS 需求明确的、基于 IP 的新型应用和业务。宽带城域网的建设给整个世界电信业的传输网络和服务业务都带来重大的影响。

宽带城域网的出现，使得传统的城域网在概念与技术上都发生了很大的变化。宽带城域网的建设与应用引起了世界范围内的大规模的产业结构的调整和企业重组，它已经成为现代化城市建设的重要基础设施之一。

3. 宽带城域网的业务范围

应用是推动城域网技术发展的真正动力。将一个城市范围内的大量局域网互连起来的需求推动了宽带城域网技术的发展。图 3-13 给出了一个现代化城市的宽带城域网功能示意图。推动宽带城域网发展的应用和业务主要有：

(1) 大规模 Internet 接入的需求与交互式应用；

(2) 远程办公、视频会议、网上教育等新的办公与生活方式；

(3) 网络电视、视频点播、网络电话，以及由此引起的新的服务；

(4) 家庭网络的应用。

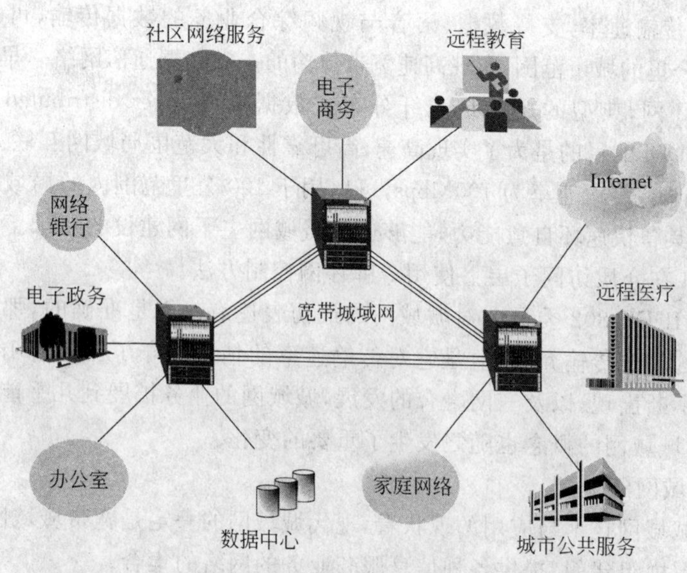

图 3-13　宽带城域网功能示意图

4. 宽带城域网技术的主要特征

宽带城域网技术的主要特征表现在以下几个方面。

(1) 宽带城域网是基于计算机网络技术与IP协议，以电信网的可扩展性、可管理性为基础，在城市范围内汇聚宽带和窄带用户的接入，以满足政府、企业、学校等集团用户和个人用户对Internet和宽带多媒体服务业务需求为目标，而组建的综合宽带网络。

(2) 从传输技术角度看，宽带城域网应该能够在公共电话交换网、移动通信网、计算机网络和有线电视网的基础上，为语音、数字、视频提供一个互连互通的通信平台。

(3) 城域网与广域网在设计上的着眼点是不同的。广域网要求重点保证高数据传输容量，而城域网则要求重点保证高数据交换容量。正是因为这样，所以广域网设计的重点是保证大量用户共享主干通信链路的容量，而城域网设计的重点不在链路，而是交换节点的性能与容量。城域网的每个交换节点都需要保证大量接入它的最终用户的服务质量QoS。当然，城域网连接每个交换节点的通信链路带宽也必须得到保证。因此，不能简单地认为城域网是广域网的缩微，也不能简单地认为城域网是局域网的自然延伸。宽带城域网应该是一个在城市区域内，为大量用户提供接入和各种信息服务的综合网络平台。

(4) 宽带城域网是传统的计算机网络、电信网络与有线电视网技术的融合，也是传统的电信服务、有线电视服务与现代的Internet服务的融合。

无论今后宽带城域网如何发展，它最基本特征是不会变的，那就是：以光传输网络为基础，以IP技术为核心，支持多种业务。

通过近年来宽带城域网发展的实践，人们已经在以下问题上取得了共识：

① 完善的光纤传输网是宽带城域网的基础。

② 传统电信、有线电视与IP业务的融合成为宽带城域网的核心业务。

③ 高端路由器和多层交换机是宽带城域网设备的核心。

④ 扩大宽带接入是发展宽带城域网应用的关键。

由于宽带城域网的是多种技术和业务的交叉，因此它是一个有重大应用价值和产业化前景的技术。在讨论宽带城域网技术时，涉及的技术比较复杂，往往会超出传统计算机网络与传统电信技术研究的范围，同时它又是一项正在发展中的新技术。因此在很多关于计算机网络技术的著作中，很少系统地讨论这一部分内容。

3.3.2 宽带城域网的结构与层次划分

1. 宽带城域网的总体结构

宽带城域网的结构包括网络平台、业务平台、管理平台与城市宽带出口，即“三个平台与一个出口”的结构。宽带城域网的总体结构如图3-14所示。

2. 宽带城域网的网络结构

图3-15给出了典型的宽带城域网的网络结构示意图。宽带城域网的网络平台结构可以进一步划分为核心交换层、边缘汇聚层与用户接入层。

核心交换层也称为核心层，边缘汇聚层也称为汇聚层，用户接入层也称为接入层。

核心层主要承担高速数据交换的功能，汇聚层主要承担路由与流量汇聚的功能，接入层主要承担用户接入与本地流量控制的功能。采用层次结构的优点是：结构清晰，各层功能实体之间的定位清楚，接口开放，标准规范，便于组建和管理。

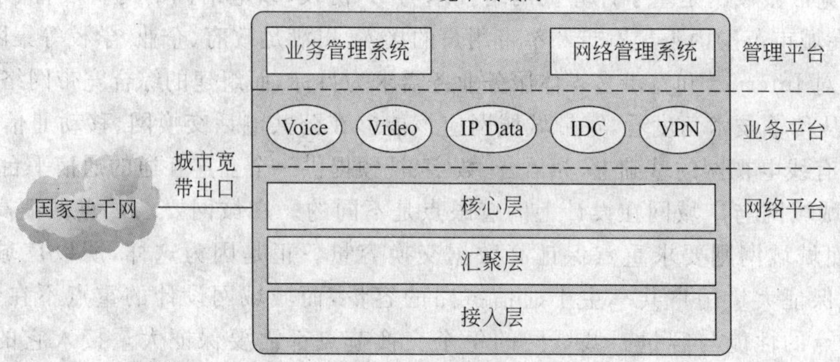

图 3-14　宽带城域网的总体结构

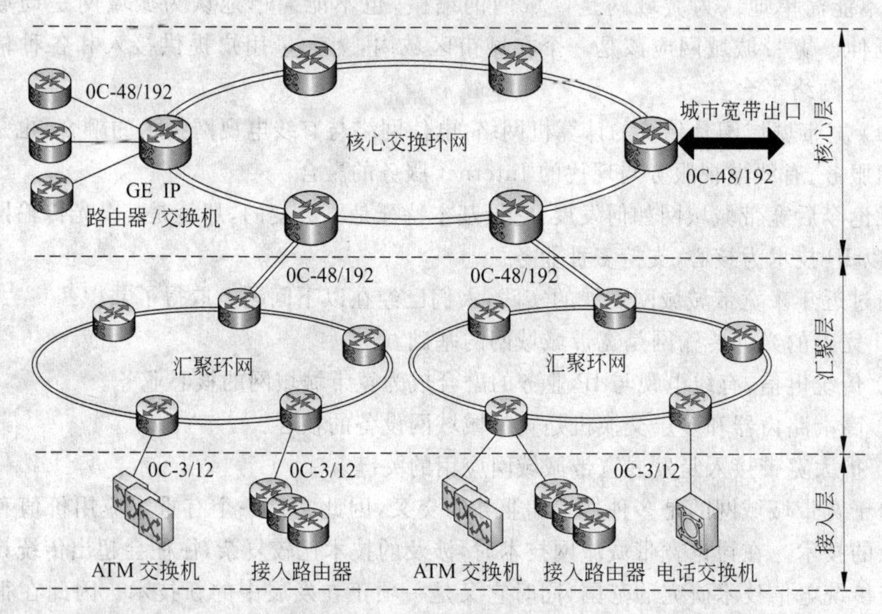

图 3-15　宽带城域网的网络结构

3. 核心交换层基本功能

宽带城域网的核心交换层主要具有以下几个基本功能：

(1) 将多个汇聚层连接起来，为汇聚层网络提供高速数据转发，为整个城域网提供一个高速、安全与具有 QoS 保障能力的主干网传输环境。

(2) 实现与其他地区和国家主干网络的互联，提供城市的宽带 IP 出口。

(3) 提供宽带城域网的用户访问 Internet 所需要的路由服务。

核心交换层结构设计重点考虑的是它的可靠性、可扩展性与开放性。

4. 汇聚层基本功能

汇聚层处于宽带城域网核心交换层的边缘，它的基本功能是：

(1) 汇聚层完成用户数据的汇聚、转发与交换；

(2) 根据接入层的用户流量，进行本地路由、过滤、流量均衡、QoS 优先级管理，以及安全控制、IP 地址转换、流量整形等处理；

(3) 根据处理结果将用户数据流量转发到核心交换层或在汇聚层进行路由处理。

5. 接入层基本功能

接入层连接最终用户,解决"最后一公里"的问题。接入层通过各种接入技术为用户提供访问 Internet 及其他信息服务。

3.3.3 设计与组建宽带城域网需要注意的问题

在讨论宽带城域网的时候,需要注意以下几个问题。

1) 根据实际需求确定网络总体结构

宽带城域网的核心层、汇聚层与接入层的三个层次是一个全集。而在实际应用中,可以根据某个城市的覆盖范围、网络规模、用户数量与承载的业务来确定是否使用它的子集。例如,在设计一个覆盖大城市的宽带城域网设计时,通常要采用完整的核心层、汇聚层与接入层的三层结构。而在设计一个覆盖中小城市的宽带城域网时,可能初期阶段只需要采用核心层与汇聚层结构的两层结构,而将汇聚层与接入层合并起来考虑,当然也可能有的城市可以将核心层与汇聚层合并起来考虑。运营商完全可以根据自己的网络规模、用户数量、业务分布和发展阶段等因素,考虑宽带城域网的结构与层次。

城域网设计的一个重要出发点是:在降低网络造价的前提下,能够满足当前的数据交换量、接入的用户数与业务类型的要求,并具有可扩展的能力。

2) 宽带城域网的可运营

组建的宽带城域网一定是可运营的。因为它是一个出售新的电信服务的系统,它必须能够保证系统提供 7×24 的服务,并且要保证服务质量(QoS)。宽带城域网的核心链路与关键设备一定是电信级的。要组建可运营的宽带城域网,首先要解决技术选择与设备选型问题。宽带城域网采用的技术不一定是最先进的,而应该是最适合的。

3) 宽带城域网的可管理性

组建的宽带城域网一定是可管理的。作为一个实际运营的宽带城域网,它不同于向公众提供宽带业务的局域网,而需要有足够的网络管理能力。这种能力表现在:电信级的接入管理、业务管理、网络安全、计费能力、IP 地址分配、QoS 保证等方面。

4) 宽带城域网的可赢利性

组建的宽带城域网一定是可赢利的,这是每一个运营商首先考虑的问题。因此,组建宽带城域网必须定位在可以开展的业务上。首先要确定如何能够开展 Internet 接入业务、VPN 业务、话音业务、视频与多媒体业务、内容提供业务等。根据自身优势确定重点发展的主业务,同时兼顾其他业务。建设可赢利的宽带城域网要求能正确地定位客户群,发现赢利点,培育和构建产业和服务链。定位客户群首先要区分高价值用户和普通用户。建设可赢利宽带城域网的另一重要方面是培育和构建合理的宽带价值链。运营者重要的是有计划地、逐步地建设起一个基于 Internet 的下一代运营网络环境,形成信息电子产品制造商、应用服务提供商、网络服务提供商,以及到最终用户的良性循环的业务模式和完整的产业链。

5) 宽带城域网的可扩展性

在设计宽带城域网时必须注意网络的可扩展性,必须注意宽带城域网组网的灵活性,对新业务与网络规模、用户规模扩展的适应性。宽带网络技术的发展具有很大的不确定性，难以准确预测网络服务产品的更新发展，尤其是难于预测一种新的应用的出现。因此在方案与设备的选择时必须十分慎重，以降低运营商的投资风险。宽带城域网的组建是要受到技术发展与投资规模的限制的，一步到位的想法是不现实的。对于新的运营商来说，要组建可扩展的宽带城域网必须制定统一的规划，分阶段、分步骤的逐步实施，减少一次性投资的风险。根据业务的开展，逐步调整建设步骤和规模。

6）支持宽带城域网的运营的关键技术

在讨论宽带城域网设计与组建技术时，必须同时关注支持网络成功组建和运营的关键技术。管理和运营宽带城域网的关键技术主要是：带宽管理、服务质量、网络管理、用户管理、多业务接入、统计与计费、IP 地址的分配与地址转换、网络安全等。

宽带城域网建设最大的风险是基本技术方案的选择，因为它决定了主要的资金投向和风险。到底哪种方案比较适合，不同的城市、不同的基础与不同应用领域的运营商会有不同的选择。如果说宽带城域网选择网络方案的三大驱动因素是成本、可扩展性和易用性的话，那么基于光以太的 10GE 技术作为构建宽带城域网主要技术是比较恰当的选择。

3.3.4 接入网技术

1. 接入网技术发展的背景

未来的计算机网络将覆盖所有的企业、学校、科研部门、政府机关和家庭，其覆盖范围可能会超过现有的电话通信网。如果将国家级大型主干网比作是国家级公路，各个城市和地区的高速城域网比作是地区级公路，那么接入网就相当于最终把家庭、机关、企业用户接到地区级公路的道路。国家需要设计和建设覆盖全国的国家级高速主干网，各个城市、地区需要设计与建设覆盖一个城市和地区的主干网。但是，最后人们还是需要解决用户计算机的接入问题。对于 Internet 来说，任何一个家庭、机关、企业的计算机都必须首先连接到本地区的主干网中，才能通过地区主干网、国家级主干网与 Internet 连接。就像一个大学需要将校内道路就近与城市公路连接，以使学校的车辆可以方便地行驶出去一样，这样学校就要解决连接城市公路的“最后一公路”问题。同样，可以形象地将家庭、机关、企业的计算机接入地区主干网的问题也称为信息高速公路中的“最后一公里”问题。

接入网技术解决的是最终用户接入宽带城域网的问题。由于 Internet 的应用越来越广泛，社会对接入网技术的需求也越来越强烈，对于信息产业来说，接入网技术有着广阔的市场前景，因此它已经成为当前网络技术研究、应用与产业发展的热点问题。

2. 接入服务的界定

我国原信息产业部对接入服务有明确界定，将它作为“电信业务的第二类增值电信业务”。按照我国管理部门的界定，Internet 接入服务是指利用接入服务器和相应的软硬件资源建立业务节点，并利用公用电信基础设施将业务节点与 Internet 骨干网相连接，以便为各类用户提供接入 Internet 的服务。用户可以利用公用电话网或其他接入手段连接到业务节点，并通过该节点接入 Internet。Internet 接入服务业务主要有两种应用：一是为 Internet 信息服务业务经营者提供 Internet 接入服务，它们利用 Internet 从事信息提供、网上交易、在线应用等服务；二是为普通上网用户提供 Internet 接入服务，这类用户需要上网获得相关服务。

从计算机网络层次的角度来看,接入网属于物理层的问题。但是由于接入网技术与电信通信网、广播电视网都有着密切的联系。为了支持各种类型信息的传输,满足电子政务、电子商务、远程教育、远程医疗、分布式计算、数字图书馆、网上电话、视频会议与视频点播等不同应用的服务质量的需求,人们把发展的基点放在宽带骨干网与宽带接入网的建设上。

3. 接入技术的基本类型

接入网技术关系到如何将成千上万的住宅、小型办公室的用户计算机接入 Internet 的方法,关系到这些用户所能得到的网络服务的类型、服务质量、资费等切身利益问题,因此也是城市网络基础设施建设中需要解决的一个重要问题。

接入方式涉及用户的环境与需求,它大致可以分为家庭接入、校园接入、机关与企业接入。接入技术可以分为有线接入与无线接入两类。

从实现技术的角度,目前宽带接入技术主要有以下几种:数字用户线 xDSL 技术、光纤同轴电缆混合网 HFC 技术、光纤接入技术、无线接入技术与局域网接入技术。

无线接入又可以分为无线局域网接入、无线城域网接入与无线自组网接入。

4. 数字用户线 xDSL 接入技术

大多数电话公司倾向于推动数字用户线 xDSL(digital subscriber line)的应用。数字用户线 xDSL 又叫做数字用户环路。数字用户线是指从用户到本地电话交换中心的一对铜双绞线,本地电话交换中心又叫做中心局。xDSL 是美国贝尔通信研究所于 1989 年为推动视频点播业务开发的基于用户电话铜双绞线的高速传输技术。

电话网是唯一可以在全球范围内向住宅和商业用户提供接入的网络。非对称数字用户线 ADSL 技术最初是由 Intel、Compaq、Microsoft 成立的特别兴趣组 SIG 提出,如今这个组织已包括大多数 ADSL 设备制造商和网络运营商。图 3-16 给出了一个住宅使用 ADSL 的结构示意图。

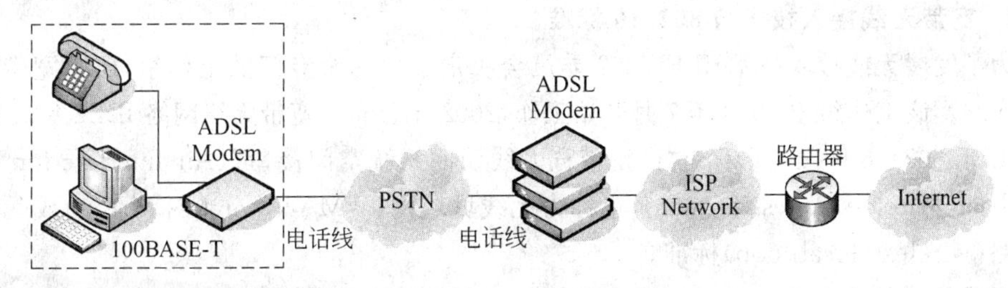

图 3-16 住宅使用 ADSL 的结构

ADSL 主要的技术特点:

(1) 它可以在现有的用户电话线上通过传统的电话交换网,以重叠和不干扰传统模拟电话业务,同时提供高速数字业务。因此,ADSL 允许用户保留他们已经申请的模拟电话业务,可以同时支持单对用户电话线上的新型数据业务。新型的数据业务可以是 Internet 在线访问、远程办公、视频点播等。

(2) 该技术几乎和本地环路的实际参数没有什么关系,与所使用的用户电话线的特性无关，因此用户不需要专门为获得 ADSL 服务而重新铺设电缆。

(3) ADSL 技术提供的非对称带宽特性，上行速率在 64～640Kbps，下行速率在 500Kbps～7Mbps。用户可以根据需要选择上行和下行速率。

这些特点对于网络运营商来说是很重要的，因为它意味着可以利用已有的电话线，而不需要重新布线，因此在推广 ADSL 技术时用户端的投资相对比较小，并且推广容易。

5. 光纤同轴电缆混合网 HFC 接入技术

20 世纪 60 年代和 70 年代的有线电视网络(CATV)技术能够提供的是单向的广播业务，那时的网络以简单共享同轴电缆的分支状或树形拓扑结构组建。随着有线电视网络的双向传输改造，利用有线电视网络进行双向数据传输服务成为可能。光纤同轴混合网是新一代有线电视网络。光纤同轴电缆混合网(hybrid fiber coax，HFC)是一个双向传输系统。光纤节点将光纤干线和同轴分配线相互连接。光纤节点通过同轴电缆下引线可以为 500 到 2000 个用户服务。这些被连接在一起的用户共享同一根传输介质。HFC 改善了信号质量，提高了可靠性。用户可以按照传统的方式接收电视节目，同时又可以实现视频点播、IP 电话、发送 E-mail、浏览 Web 的双向服务功能。目前，我国的有线电视网的覆盖面非常广，通过有线电视网络改造后，可以为很多的家庭宽带接入 Internet 提供了一种经济、便捷的方法。因此已成为一种极具竞争力的宽带接入技术。

6. 光纤接入技术

绝大多数网络运营者都认为，理想的宽带接入网将是基于光纤的网络。无论是采用哪种接入技术，传输媒质铜缆的带宽的瓶颈问题是很难克服的。与双绞铜线、同轴电缆或无线技术相比，光纤的带宽容量几乎是无限的，光纤传输信号可经过很长的距离无须中继。因此人们非常关注光纤接入网。目前已经出现了光纤到路边(fiber to the curb，FTTC)、光纤到小区(fiber to the zone，FTTZ)、光纤到大楼(fiber to the building，FTTB)、光纤到办公室(fiber to the office，FTTO)与光纤到户(fiber to the home，FTTH)等新的概念和接入方法。光纤接入直接向终端用户延伸的趋势已经明朗。

7. 宽带无线接入技术与 802.16 标准

为了发展无线接入技术，IEEE 802 委员会决定成立一个专门的工作组，研究宽带无线网络标准。该工作组于 1999 年 7 月开始工作，2002 年公布了宽带无线网络 IEEE 802.16 标准。IEEE 802.16 标准的全称是“固定带宽无线访问系统空间接口”(Air Interface for Fixed Broadband Wireless Access System)，也称为无线城域网(WMAN，wireless MAN)或无线本地环路(wireless local loop)标准。

无线接入技术是指在终端用户和交换局之间的接入网部分全部或部分采用无线传输方式，为用户提供固定或移动的接入服务的技术。IEEE 802.16 标准体系的主要目标是制定工作在 2～66MHz 频段的无线接入系统的物理层与介质访问控制 MAC 层规范。

IEEE 802.16 是一个点对多点的视距条件下的无线接入的标准；IEEE 802.16a 增加了非视距和对无线网格网(WMN)结构的支持。IEEE 802.16 与 IEEE 802.16a 经过修订后统一命名为 IEEE 802.16d，于 2004 年 5 月正式公布。

尽管 IEEE 802.11 标准与 IEEE 802.16 标准都是针对无线环境，由于两者的应用对象不同，因此在采用的技术与解决问题的重点也不同。IEEE 802.11 标准侧重于解决局域网范围的移动节点通信问题，而IEEE 802.16标准侧重于解决建筑物之间的数据通信问题。

按IEEE 802.16标准建设的无线网络需要在每个建筑物上建立基站。基站之间采用全双工、宽带通信方式工作。802.16标准增加了两个物理层标准，即IEEE 802.16d与IEEE 802.16e。IEEE 802.16d主要是针对固定节点的无线通信，IEEE 802.16e则是针对火车、汽车等移动物体的无线通信。

致力于IEEE 802.16标准WMAN推广应用的组织是WiMAX，致力于IEEE 802.11标准WLAN推广应用的组织是Wi-Fi联盟。WiMAX与Wi-Fi联盟都是由业界成员组成，他们希望通过业界自发的组织来推动无线网络标准的应用。

3.4 本章总结

本章主要讲述了以下内容：

(1) 广域网是一种公共数据网络。广域网技术研究的重点是宽带核心交换技术。

(2) 光以太网的技术优势主要表现在：造价低，从10Mbps、100Mbps、1Gbps到10Gbps的技术标准化，未来将发展到100Gbps，能满足从广域网、城域网到局域网的各种需求。

(3) 以太网发展遵循高速、互联、交换的思路发展，目前100Mbps的FE、1Gbps的GE与10Gbps的10GE已进入实际应用阶段，100Gbps速率的标准正在制定中；交换式以太网的出现推动虚拟网络技术的发展；无线局域网已经在接入网中大量应用。

(4) Internet接入的需求促使城域网概念与技术的演变。宽带城域网是以宽带光传输网为开放平台，以TCP/IP协议为基础，通过各种网络互联设备，实现语音、数据、图像、多媒体视频、IP电话、IP电视、IP接入和各种增值业务，并与广域计算机网络、广播电视网、电话交换网互联互通的本地综合业务网络。

(5) 宽带城域网的结构包括网络平台、业务平台、管理平台与城市宽带出口，即"三个平台与一个出口"的结构。宽带城域网的网络平台结构可以进一步划分为核心交换层、边缘汇聚层与用户接入层。

本章习题

1. 单项选择题

3.1 以下关于光以太网技术特点的描述中，错误的是________。

A. 能够根据终端用户的实际应用需求分配带宽

B. 具有认证与授权功能

C. 支持VPN、防火墙和防病毒技术

D. 提供分等级的QoS网络服务

3.2 以下关于以太网基本特点的描述中，错误的是________。

A. 所有节点都通过网卡连接到作为公共传输介质的总线上

B. 总线通常采用双绞线或同轴电缆作为传输介质

C. 节点通过总线以“广播”方式发送数据

D. CSMA/CD控制方法可以避免冲突的发生

3.3 以下关于Ethernet物理地址的描述中，错误的是________。

A. 地址长度为32位

B. 地址可以固化在网卡的ROM

C. 物理地址用于MAC帧

D. IEEE RAC为每一个网卡生产商分配Ethernet物理地址的前三字节

3.4 以下关于快速以太网的描述中，错误的是________。

A. 制定了快速以太网的协议标准IEEE 802.3z

B. 保留着传统以太帧的结构与MAC子层的CSMA/CD方法

C. 定义了介质专用接口(media independant interface，MII)

D. 提供10Mbps与100Mbps速率自动协商功能

3.5 以下关于吉比特以太网的描述中，错误的是________。

A. 保留了传统Ethernet的帧结构与帧的最小、最大长度的规定

B. 千兆介质专用接口GMII将MAC子层与网络层分隔开

C. 将自动协商的概念扩展到光纤连接中

D. 自动协商协调链路两端节点半双工或全双工及流量控制对称或非对称

3.6 以下关于IEEE 802.11标准的描述中，错误的是________。

A. IEEE 802.11协议定义了共享无线信道的CSMA/CD方法

B. IEEE 802.11标准定义了两种类型的设备：无线节点和无线接入点(AP)

C. 无线接入点AP的作用是提供无线和有线网络之间的桥接

D. IEEE 802.11b的数据传输速率可以达到11Mbps

3.7 以下关于蓝牙技术的描述中，错误的是________。

A. 蓝牙技术针对短距离的、低功耗的、低成本的无线信道连接的无线标准

B. 蓝牙规范1.0版对通信信道与通信过程做出了详细地规定

C. 蓝牙规范1.0版规定了13种网络应用所需的专门协议集

D. 蓝牙规范与传统的计算机网络协议体系与工作模式是一致的

3.8 以下关于IEEE 802.15.4标准的主要特点的描述中，错误的是________。

A. 与WLAN相比，只需很少的基础设施，甚至可以不需要基础设施

B. 实现了20Kbps、40Kbps和250Kbps三种不同的传输速率

C. 支持星形、点到点网络拓扑结构

D. 支持CDMA标准

3.9 以下关于宽带城域网的网络平台结构的描述中，错误的是________。

A. 网络平台结构可以划分为：核心交换层、边缘汇聚层与用户接入层

B. 核心层主要承担高速数据交换的功能

C. 汇聚层主要承担接入流量汇聚的功能

D. 接入层主要承担用户接入与访问Internet的路由功能

3.10 以下关于宽带城域网建设的描述中,错误的是________。

A. 完善的光纤传输网是宽带城域网的基础

B. 增加宽带光纤是发展宽带城域网应用的关键

C. 高端路由器和多层交换机是宽带城域网设备的核心

D. 传统电信、有线电视与IP业务的融合成为宽带城域网的核心业务

2. 填空题

3.11 CSMA/CD的发送流程可以概括为“先听后发,________,冲突停止,延迟重发”。

3.12 十吉比特以太网只工作在________状态。

3.13 十吉比特以太网定义了两种不同的物理层标准:ELAN与________。

3.14 交换机的交换方式有:直接交换方式、________交换方式与改进的直接交换方式。

3.15 局域网交换机的汇集转发速率是指________端口每秒可以转发的最多帧数量。

3.16 虚拟网络是以________方式来实现逻辑工作组的划分与管理。

3.17 两座建筑物使用一条点对点无线链路,连接的设备是无线网桥或________。

3.18 IEEE 802.15.4是________标准。

3.19 管理和运营宽带城域网的关键技术主要是:________、服务质量、网络管理、用户管理、多业务接入、统计与计费、IP地址的分配与地址转换、网络安全等。

3.20 光纤同轴电缆混合网HFC是一个________传输系统。

第4章 TCP/IP协议

本章在系统地介绍计算机网络基本概念、结构与组成、网络应用的基础上，对网络体系结构与网络协议的概念、OSI参考模型以及支持Internet发展的关键技术——TCP/IP协议进行系统的讨论。

4.1 网络体系结构的基本概念

4.1.1 网络体系结构与通信协议

1. 现实生活中邮政系统结构与运行过程

网络体系结构与网络协议是网络技术中两个基本概念。为了帮助读者理解网络体系结构与网络协议的概念，不妨先分析一个现实生活中邮政系统的例子，从中会得到很多有益的启示。如果认真考查邮政系统的结构与运行过程，以及如何利用它完成信件的发送与接收，就会对体系结构与协议有一个直观的了解。

图4-1是目前实际运行的邮政系统结构，以及信件发送与接收过程的示意图。几乎每个人对利用现行的邮政系统发送、接收信件的过程都是很熟悉的。如果你是一位在南开大学读书的大学生，而你的家在广州。当你想给广州家中的父母写封信时，那你第一步只需要写一封信；第二步你需要在信封上按国内信件的信封书写标准，在信封的左上方写收信人的地址，在信封的中部写上收信人的姓名，信封的右下方写发信人的地址；第三步将信件封在信封里，贴上邮票；第四步你需要将信件投入邮箱。这样，发信人的动作就完成了，发信人并不需要了解是谁来收集信件，以及是如何将这封信传送到广州的。

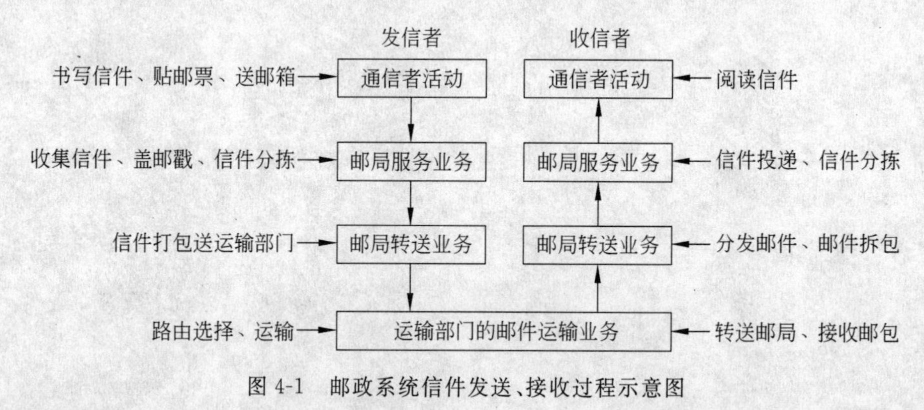

图4-1 邮政系统信件发送、接收过程示意图

当你把信件投入邮箱后，邮递员将按时从各个邮箱收集信件，检查邮票邮资是否正确，盖邮戳后转送地区邮政枢纽局。邮政枢纽局的工作人员再根据信件的目的地址与传

输的路线，将送到相同地区的邮件打成一个邮包，并在邮包上贴上运输的线路、中转点的地址。如果从天津到广州不需要中转，那么所有当天从天津到广州的信件都将打在一个包里，贴上标签后由铁路或飞机运送到广州。

邮包送到广州地区邮政枢纽局后，邮政枢纽局的分拣员将拆包，并将信件按目的地址分拣传送到各区邮局，再由邮递员将信件送到收信人的邮箱。收信人接到信件后，确认是自己的信件后，再拆信、读信。这样，一个信件的发送与接收过程就完成了。可以用类比的方法来讨论网络体系结构与网络协议概念的基本要点。

2. 网络协议的概念

计算机网络是由多个互联的节点组成的，节点之间需要不断地交换数据与控制信息。要做到有条不紊地交换数据，每个节点都必须遵守一些事先约定好的规则。这些规则明确地规定了所交换数据的格式和时序。这些为网络数据交换而制定的规则、约定与标准被称为网络协议。网络协议主要由以下 3 个要素组成。

(1) 语法：用户数据与控制信息的结构与格式。

(2) 语义：需要发出何种控制信息，以及完成的动作与作出的响应。

(3) 时序：对事件实现顺序的详细说明。

在邮政通信系统中，就存在着很多的通信规约。例如，写信人在写信之前要确定是中文还是英文，或是其他文字。如果对方只懂英文，那么你如果用中文写信，对方一定得请人译成英文后才能阅读。不管你选择的是中文或英文，写信人在内容书写中一定要严格遵照中文或英文的写作规范(包括语义、语法等)。其实，语言本身就是一种协议。另一个协议的例子是信封的书写方法，图 4-2 比较了中英文信封的书写规范。

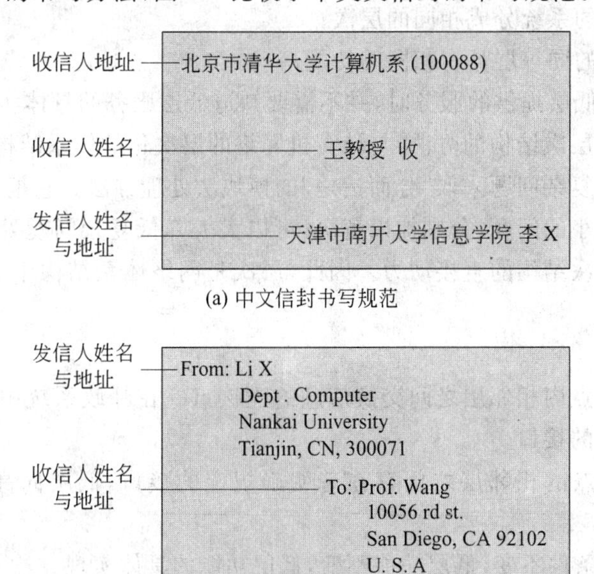

图 4-2 中英文信封的书写规范

如果你写的信是在中国国内邮寄，则信封的书写规则如前所述。如果你要给住在美国的朋友写信，则你的信封要用英文书写，并且右上方应该是发信人的姓名与地址，中间部分是收信人姓名与地址。显然,国内中文信件与国际英文信件的书写格式是不相同的。这本身也是一种通信规约,即关于信封书写格式的一种协议。对于普通的邮递员,也许他不懂英文,他可以不管信寄到哪里去,他只需按普通信件的收集方法送到邮政枢纽局,由那里的分拣人员来阅读用英文书写信封的目的地址,并确定传送的路由。

从广义的角度来看,人们之间的交往就是一种信息交互的过程,每做一件事都必须遵循一种事先规定好的规则与约定。世界上人与人之间的交谈需要使用同一种语言。如果一个人讲中文,另一个人讲英文,那就必须找一个翻译,否则这两人之间的信息无法沟通。计算机之间的通信过程与人与人之间的交谈过程非常相似,只是前者由计算机来控制,后者由参加交谈的人来控制。为了保证计算机网络中大量计算机之间要有条不紊地交换数据,就必须制定一系列的通信协议。因此,协议是计算机网络中一个重要与基本的概念。

3. 层次与接口的概念

无论是邮政通信系统还是计算机网络,它们都有以下几个重要的概念:层次(layer)、接口(interface)、体系结构(architecture)与协议(protocol)。

1) 层次

层次是人们对复杂问题处理的基本方法。人们对于一些难以处理的复杂问题,通常是分解为若干个较容易处理的小一些的问题。对于邮政通信系统,它是一个涉及全国乃至世界各地区亿万人民之间信件传送的复杂问题。它解决的方法是:

(1) 将总体要实现的很多功能分配在不同的层次中,对每个层次要完成的服务及服务实现的过程都有明确的规定;

(2) 不同地区的系统分成相同的层次;

(3) 不同系统的同等层具有相同的功能;

(4) 高层使用低层提供的服务时,并不需要知道低层服务的具体实现方法。

邮政通信系统层次结构的方法,与计算机网络的层次化的体系结构有很多相似之处。层次结构体现出对复杂问题采取"分而治之"的模块法处理方法。它把一个复杂问题分解为多个可以控制的小的问题,分别加以解决,可以大大降低复杂问题处理的难度,这正是网络研究中采用层次结构的直接动力。因此,层次是网络体系结构中又一个重要与基本的概念。

2) 接口

接口是同一节点内相邻层之间交换信息的连接点。在邮政系统中,邮箱就是发信人与邮递员之间规定的接口。

(1) 同一个节点的相邻层之间存在着明确规定的接口,低层向高层通过接口提供服务。

(2) 只要接口条件不变、低层功能不变,低层功能的具体实现方法与技术的变化不会影响整个系统的工作。

因此,接口同样是计算机网络实现技术中一个重要与基本的概念。

3) 网络体系结构

网络协议对计算机网络是不可缺少的,一个功能完备的计算机网络需要制定一整套复杂的协议集。对于结构复杂的网络协议来说,最好的组织方式是层次结构模型。计算机网络协议就是按照层次结构模型来组织的。我们将网络层次结构模型与各层协议的集合定义为计算机网络体系结构(network architecture)。网络体系结构对计算机网络应该实现的功能进行了精确地定义,而这些功能是用什么样的硬件与软件去完成的,则是具体的实现问题。体系结构是抽象的,而实现是具体的,它是指能够运行的一些硬件和软件。

计算机网络中采用层次结构,具有以下这些优点:

(1) 各层之间相互独立,高层不需要知道低层是如何实现的,而仅知道该层通过层间的接口所提供的服务;

(2) 当任何一层发生变化时,例如由于技术进步促进实现技术的变化,只要接口保持不变,则在这层以上或以下各层均不受影响;

(3) 各层都可以采用最合适的技术来实现,各层实现技术的改变不影响其他层;

(4) 整个系统被分解为若干个易于处理的部分,这种结构使得一个庞大而复杂系统的实现和维护变得容易控制;

(5) 每层的功能与所提供的服务都已有精确的说明,因此这有利于促进标准化过程。

1974 年,IBM 公司提出了世界上第一个网络体系结构,这就是系统网络体系结构(system network architecture,SNA)。此后,许多公司纷纷提出各自的网络体系结构。这些网络体系结构共同之处在于它们都采用了分层技术,但层次的划分、功能的分配与采用的技术术语均不相同。随着信息技术的发展,各种计算机系统联网和各种计算机网络的互联成为人们迫切需要解决的课题。OSI 参考模型就是在这个背景下提出与研究的。

4.1.2 OSI 参考模型的基本概念

1. OSI 参考模型的提出

在制定计算机网络标准方面,起着很大作用的两大国际组织是:国际电报与电话咨询委员会(Consultative Committee on International Telegraph and Telephone, CCITT)与国际标准化组织(International Standards Organization,ISO)。CCITT 与 ISO 的工作领域与重点有所不同。CCITT 主要是研究和制定通信标准,而 ISO 的重点在计算机网络体系结构与协议标准的研究与制定。

1974 年,ISO 发布了著名的 ISO/IEC 7498 标准,它定义了网络互联的 7 层框架,也就是开放系统互连(open system internetwork,OSI)参考模型。在 OSI 框架下,进一步详细规定了每一层的功能,以实现开放系统环境中的互连性、互操作性与应用的可移植性。

2. OSI 参考模型的概念

OSI 参考模型中的"开放"是指只要遵循 OSI 标准,一个系统就可以与位于世界上任何地方、同样遵循同一标准的其他任何系统进行通信。在 OSI 标准的制定过程中,采用的方法是将整个庞大而复杂的问题划分为若干个容易处理的小问题,这就是分层的体系结构方法。

OSI 参考模型定义了开放系统的层次结构、层次之间的相互关系及各层所包括的可能的服务。它是作为一个框架来协调和组织各层协议的制定,也是对网络内部结构最精炼地概括与描述。

OSI 的服务定义详细地说明了各层所提供的服务。某一层的服务就是该层及其以下各层的一种能力，它通过接口提供给更高一层。各层所提供的服务与这些服务是怎样实现的无关。同时，各种服务定义还定义了层与层之间的接口与各层使用的原语，但不涉及接口是怎样实现的。

OSI 标准中的各种协议精确地定义了：应当发送什么样的控制信息，以及应当用什么样的过程来解释这个控制信息。协议的规程说明具有最严格的约束。

OSI 参考模型并没有提供一个可以实现的方法。OSI 参考模型只是描述了一些概念，用来协调进程间通信标准的制定。在 OSI 的范围内，只有各种的协议是可以被实现的，而各种产品只有和 OSI 的协议相一致时才能互联。也就是说，OSI 参考模型并不是一个标准，而是一个在制定标准时所使用的概念性的框架。但是研究 OSI 参考模型的制定原则与设计思想，对于理解计算机网络的基本工作原理是非常有益的。

3. OSI 参考模型的结构

OSI 参考模型的结构如图 4-3 所示。根据分而治之的原则，ISO 将整个通信功能划分为 7 个层次，划分层次的主要原则是：

(1) 网中各节点都具有相同的层次；

(2) 不同节点的同等层具有相同的功能；

(3) 同一节点内相邻层之间通过接口通信；

(4) 每一层可以使用下层提供的服务，并向其上层提供服务；

(5) 不同节点的同等层通过协议来实现对等层之间的通信。

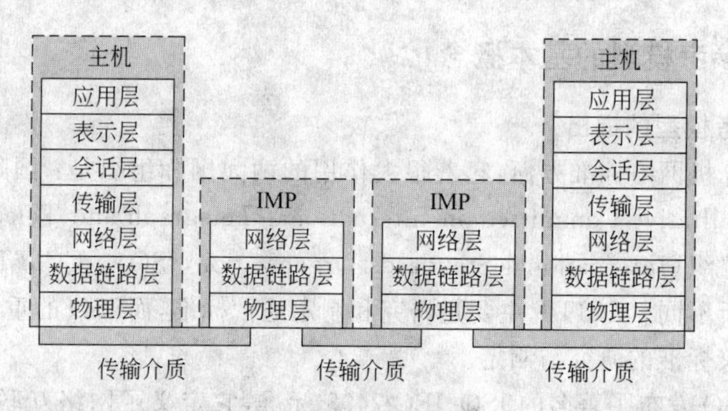

图 4-3　OSI 参考模型的结构

4. OSI 参考模型各层的功能

1) 物理层

物理层(physical layer)的主要功能是：利用传输介质为数据链路层提供物理连接，负责处理数据传输率并监控数据出错率，以便能够数据流的透明传输。

2) 数据链路层

数据链路层(data link layer)的主要功能是：在物理层提供的服务基础上，数据链路层在通信的实体间建立数据链路连接，传输以“帧”为单位的数据包，并采用差错控制与流量控制方法，使有差错的物理线路变成无差错的数据链路。

3) 网络层

网络层(network layer)的主要功能是：为分组通过网络选择合适的路径，实现路由选择、分组转发与拥塞控制等功能。

4）传输层

传输层（transport layer）的主要功能是：向用户提供可靠的端到端（end-to-end）服务，处理数据包错误、数据包次序，向高层屏蔽了下层数据通信的细节。

5）会话层

会话层（session layer）的主要功能是：负责维护两个通信计算机之间的传输链接，以便确保点到点传输不中断，以及管理数据交换等功能。

6）表示层

表示层（presentation layer）的主要功能是：用于处理在两个通信系统中交换信息的表示方式，主要包括数据格式变换、数据加密与解密、数据压缩与恢复等功能。

7）应用层

应用层（application layer）的主要功能是为应用软件提供服务，例如文件服务器、数据库服务、电子邮件与其他网络软件服务。

5. OSI 环境中的数据传输过程

在研究 OSI 参考模型时需要搞清楚它所描述的范围，这个范围称做 OSI 环境（OSI environment，OSIE）。图 4-4 描述了 OSI 环境。OSI 参考模型描述的范围包括联网计算机系统中的应用层到物理层的 7 层与通信子网，即图中虚线所圈中的范围。连接节点的物理传输介质不包括在 OSI 环境内。

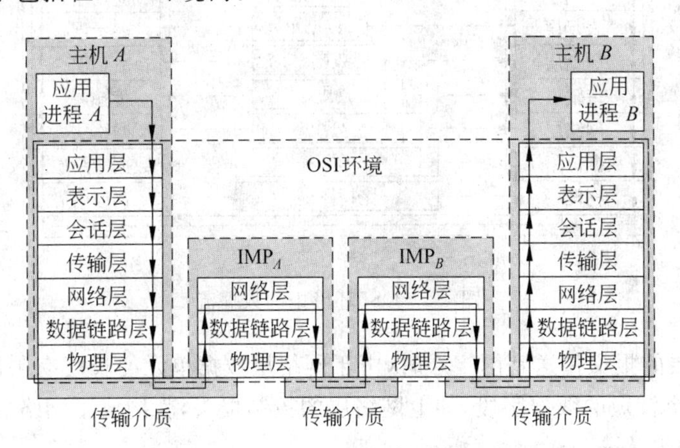

图 4-4　OSI 环境示意图

主机 *A* 和主机 *B* 在单机状态时，不需要实现从应用层到物理层的 7 层功能的硬件与软件。如果它们希望连入计算机网络，就必须增加相应的硬件和软件。物理层、数据链路层与网络层的大部分通常可以由硬件方式来实现，而高层基本上是通过软件方式来实现。主机 *A* 和主机 *B* 分别通过传输介质连接到各自的 IMP，也就是目前广泛应用的路由器。

假设应用进程 *A* 要与应用进程 *B* 进行通信。进程 *A* 与进程 *B* 分别处于主机 *A* 与计算机 *B* 的本地系统环境中（处于 OSI 环境之外）。进程 *A* 首先要通过本地计算机的操作系统来调用实现应用层功能的软件模块，应用层模块将主机 *A* 的通信请求传送到表示层；表示层再向会话层传送，直至物理层。物理层通过连接主机 *A* 与 IMP_A 的传输介质，

将数据传送到 IMP_A。IMP_A的物理层接收到主机 A 传送的数据后，通过数据链路层检查是否存在传输错误；如果没有错误的话，IMP_A通过它的网络层来确定应该把数据传送到哪个 IMP。如果通过路径选择算法，确定下一个节点是 IMP_B的话，则 IMP_A将数据传送到 IMP_B。IMP_B采用同样的方法，将数据传送到主机 B。主机 B 将接收到的数据，从物理层逐层向高层传送，直至主机 B 的应用层。应用层再将数据传送给主机 B 的进程 B。

图 4-5 给出了 OSI 环境中数据流。OSI 环境中的数据传输过程包括以下几步：

(1) 当应用进程 A 的数据传送到应用层时，应用层为数据加上本层控制报头后，组织成应用层的数据服务单元，然后再传送到表示层。

(2) 表示层接收到这个数据单元后，加上本层的控制报头，组成表示层的数据服务单元，再传送到会话层。表示层的数据按照协议要求进行了数据格式变换或加密处理。

(3) 会话层接收到表示层数据后，加上本层的控制报头，组成表示层的会话层服务单元，再传送到传输层。会话层报头用以协调通信主机之间的进程通信。

(4) 传输层接收到这个数据单元后，加上本层的控制报头，就构成了传输层的数据服务单元，它被称为报文(message)。

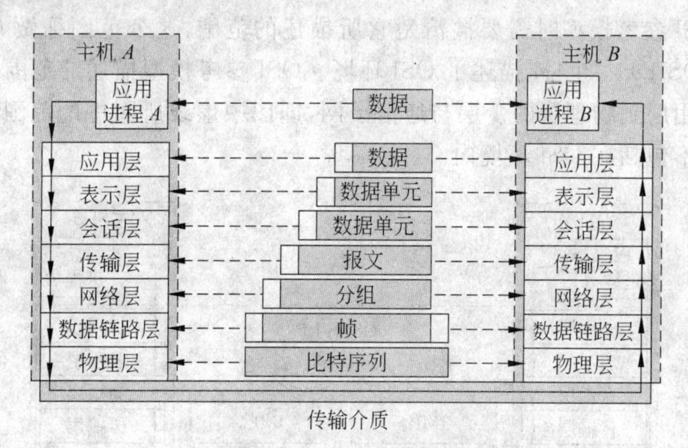

图 4-5　OSI 环境中的数据流

(5) 传输层的报文传送到网络层时，由于网络层数据单元的长度有限制，传输层长报文将被分成多个较短的数据字段，加上网络层的控制报头，就构成了网络层的数据服务单元，它被称为分组(packet)。

(6) 网络层的分组传送到数据链路层时，加上数据链路层的控制信息，就构成了数据链路层的数据服务单元，它被称为帧(frame)。

(7) 数据链路层的帧传送到物理层后，物理层将以比特流通过传输介质传输到下一个节点的物理层。

当比特流到达目的节点主机 B 时，再从物理层依层上传，每层对各层的数据服务单元的报头进行处理，按照协议规定的语义、语法和时序解释、执行报头传达的信息，然后将用户数据上交高层，最终将应用进程 A 的数据准确地传送给主机 B 的应用进程 B。

尽管应用进程 A 的数据在 OSI 环境中经过复杂的处理过程，才能送到另一台计算机的应用进程 B，但对于每台计算机的应用进程来说，OSI 环境中数据流的复杂处理过程是透明的。应用进程 A 的数据好像是“直接”传送给应用进程 B，最终实现了分布式进程通信功能，这就是开放系统在网络通信过程中最本质的作用。

4.1.3 TCP/IP 参考模型的基本概念

1. TCP/IP 协议的特点

在讨论了 OSI 参考模型的基本内容后，需要回到现实的网络技术发展状况中来。OSI 参考模型研究的初衷是希望为网络体系结构与协议的发展提供一种国际标准。OSI 参考模型的研究对促进计算机网络理论体系的形成起到了非常重要的作用，但是它所制定的很多通信协议标准却没有成为真正流行的计算机网络协议标准。促进 Internet 发展的网络协议标准是 TCP/IP 协议。

TCP/IP 协议是 Internet 中计算机之间的通信规则。它规定了每台计算机信息表示的格式与含义，规定了计算机之间通信所要使用的控制信息，以及在接到控制信息后应该作出的反应。TCP/IP 协议是 Internet 中计算机之间通信所必须共同遵循的一种通信规定。

TCP/IP 协议具有以下几个主要的特点：

(1) 开放的协议标准。

(2) 独立于特定的计算机硬件与操作系统。

(3) 独立于特定的网络硬件，可以运行在局域网、广域网，适用于网络的互联。

(4) 统一的网络地址分配方案，使得所有的 TCP/IP 设备在网中都具有唯一的地址。

(5) 标准化的应用层协议，可以提供多种可靠的网络服务。

2. TCP/IP 参考模型的层次结构

TCP/IP 参考模型可以分为 4 个层次：

① 应用层(application layer)。

② 传输层(transport layer)。

③ 互联层(internet layer)。

④ 主机-网络层(host to network layer)。

其中，TCP/IP 参考模型的应用层与 OSI 参考模型的应用层、表示层、会话层相对应；TCP/IP 参考模型的传输层与 OSI 参考模型的传输层相对应；TCP/IP 参考模型的互联层与 OSI 参考模型的网络层相对应；TCP/IP 参考模型的主机-网络层与 OSI 参考模型的数据链路层、物理层相对应。TCP/IP 模型与 OSI 模型的对应关系如图 4-6 所示。

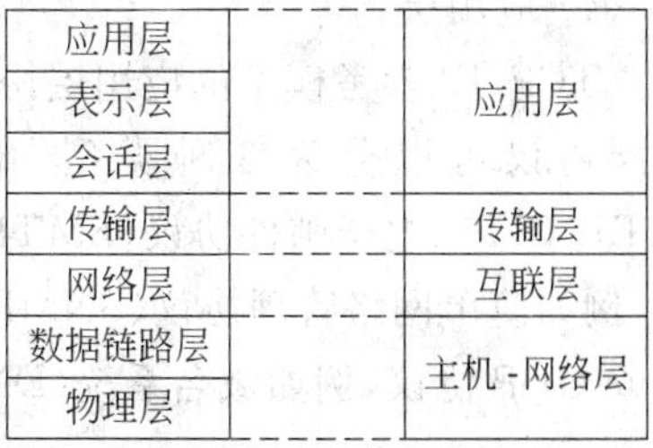

OSI	TCP/IP
应用层	应用层
表示层	
会话层	
传输层	传输层
网络层	互联层
数据链路层	主机-网络层
物理层	

图 4-6 TCP/IP 模型与 OSI 模型的对应关系

3. TCP/IP 参考模型各层的功能

1) 主机-网络层

在 TCP/IP 参考模型中，主机-网络层是参考模型的最低层，它负责通过网络发送和接收 IP 数据报。TCP/IP 的主机-网络层并没有规定使用哪种协议。它采取了开放的策略，允许使用广域网、局域网与城域网的各种协议。任何一种现有的和流行的低层传输协议都可以与网络层 IP 协议接口。这点体现了 TCP/IP 协议体系的开放性、兼容性,它也是 TCP/IP 协议能够成功的基础。

2) 互联层

TCP/IP 参考模型中的互联层相当于 OSI 参考模型网络层的无连接网络服务。TCP/IP 参考模型中互联层的 IP 协议能够提供"尽力而为(best effort)"的网络数据报传输服务。

互联层的主要功能包括以下几点。

(1) 处理来自传输层的数据发送请求。在收到分组发送请求之后,将传输层报文段封装成 IP 数据报,启动路由选择算法,选择发送路径,然后将数据报发送到下一个节点。

(2) 处理接收的数据报。在接收到其他主机发送的数据报之后,检查目的 IP 地址,如需要转发,则选择发送路径,转发出去;如目的地址为本节点 IP 地址,则除去报头,将分组交送传输层处理。

(3) 处理互联的路径选择、流量控制与拥塞。

目前使用的 IP 协议是版本 4,即 IPv4 协议。下一代的 IP 协议是 IPv6 协议。IPv6 协议在地址空间、数据完整性、安全性与保证服务质量等方面都有很大改进。

3) 传输层

TCP/IP 参考模型传输层负责在会话的对等实体的应用进程之间建立和维护端一端通信,以实现分布式进程通信的目的。TCP/IP 参考模型的传输层定义了以下这两种协议:传输控制协议与用户数据报协议。

传输控制协议(transport control protocol,TCP)是一种可靠的面向连接的协议,它允许将一台主机的字节流(byte stream)无差错的传送到目的主机。TCP 协议同时要完成流量控制功能,协调收发双方的发送与接收速度,达到正确传输的目的。

用户数据报协议(user datagram protocol,UDP)是一种不可靠的无连接协议。它主要用于不要求分组顺序到达的传输中,分组传输顺序检查与排序由应用层完成。

4) 应用层

TCP/IP 参考模型的应用层协议有很多。表 4-1 给出了主要的应用层协议。这些应用层协议可以分为 3 种类型:依赖于面向连接的 TCP 协议,例如远程登录协议(TELNET)、电子邮件协议(SMTP)、文件传输协议(FTP)等;依赖于面向连接的 UDP 协议,例如简单网络管理协议(SNMP)、简单文件传输协议(TFTP)等;可以依赖于 TCP 协议或 UDP 协议,例如域名系统(DNS)。

表 4-1 主要应用层协议

协议名称	基本功能
远程登录协议(TELNET)	实现远程登录功能
文件传输协议(file transfer protocol,FTP)	实现交互式文件传输功能
简单邮件传输协议(simple mail transfer protocol,SMTP)	实现电子邮件传输功能
域名系统(domain name system,DNS)	实现网络设备名字到 IP 地址映射
简单网络管理协议(simple network management protocol,SNMP)	实现网络设备的监视与管理
超文本传输协议(hyper text transfer protocol,HTTP)	实现 Web 服务

TCP/IP 协议自从 20 世纪 70 年代诞生以来，经受了 20 多年的实践检验，并且已赢得大量的用户和投资。TCP/IP 协议的成功促进 Internet 的发展，Internet 的发展又进一步扩大 TCP/IP 协议的影响。

4.2 IP 协议的基本内容

4.2.1 IP 协议的特点与主要内容

1. IP 协议的特点

TCP/IP 协议的互联层的核心协议是 IP 协议，实现网络互联的核心设备是路由器。伴随着 Internet 的规模的扩大和应用的深入，作为 Internet 核心协议之一的 IPv4 协议也一直处于一个不断地补充、完善和提高的过程，但是 IPv4 版本的主要内容没有发生任何实质性的变化。实践证明，IPv4 是健壮和易于实现的，并且具有很好的互操作性。它本身也经受住了 Internet 从小型的科学研究范围中应用的互联网络，发展到今天这样的全球性大规模网际网的考验，这些都说明 IPv4 协议的设计是成功的。IP 是 TCP/IP 协议体系中网络层的协议。TCP/IP 协议体系中的其他协议都是以 IP 协议为基础的。

IP 协议的特点主要表现在以下几个方面。

1）无连接、不可靠的分组传送服务的协议

IP 协议提供是一种无连接的分组传送服务，它不提供对分组严格的差错校验和传输过程的跟踪。因此它是一种“尽力而为”(best-effort)的服务。无连接(connectionless)意味着 IP 协议并不维护 IP 分组发送后的任何状态信息。每个分组的传输过程是相互独立的。不可靠(unreliable)意味着 IP 协议不能保证 IP 分组能成功地、不丢失于顺序地到达目的地。

网络层协议在 IP 分组传输过程中独立地处理每一个分组，同一个报文的每一个分组之间没有关联。在最初的设计中，如果发生某种错误时，IP 协议有一个简单的丢弃该分组。后来为了提高分组传输出错的处理能力，补充了一个互联网络控制报文协议(internet control message protocol，ICMP)。在节点丢弃一个分组后，ICMP 发送消息报文给源主机。

从以上分析中可以看出，分组通过网络的传输过程是十分复杂的，IP 协议的设计者用了一个简单的方法处理了一个复杂的问题。从目前 Internet 发展与应用角度看，IP 协议的设计是成功的。IP 协议之所以这样设计，是因为作为一个 Internet 协议，它必须面对各种不同的异构网络协议，以及以后还会出现的各种类型的协议。IP 协议设计的重点放在系统的适应性、协议的简洁和可操作性上，而在分组交付的可靠性方面做了一定的牺牲。IP 协议的很多缺点需要在新的 IP 协议版本中加以解决。

2）点对点的网络层通信协议

在 Internet 中，IP 分组交付可以分为直接交付和间接交付两类。是直接交付还是间接交付，需要根据分组的目的 IP 地址与源 IP 地址是否属于同一个网络来判断。当分组的源主机和目的主机是在同一个网络上时，或交付是在最后一个路由器与目的主机的网络层之间进行的，属于直接交付。在间接交付情况下，两个对等的通信实体是连接在同一个网络的路由器-路由器的网络层之间进行的。显然，IP 协议是针对两个直接连接的点对点的通信实体对应的网络层，而设计的通信协议。

3）向传输层屏蔽了物理网络的差异

作为一个面向 Internet 的协议，它必须面对各种异构的网络和协议。在 IP 协议设计中，设计者就充分考虑了这一点。因为互联的网络可能是广域网，也可能是城域网或局域网。即使都是局域网，那么它们的物理层、MAC 层协议也可能是不同的。协议的设计者希望使用 IP 分组来统一不同的网络帧。如图 4-7 所示，通过 IP 协议，网络层向传输层提供的是统一的 IP 分组，对于传输层来说，互联的各种网络在帧结构与地址上的差异不复存在。因此，IP 协议使得各种异构网络的互联变得容易。

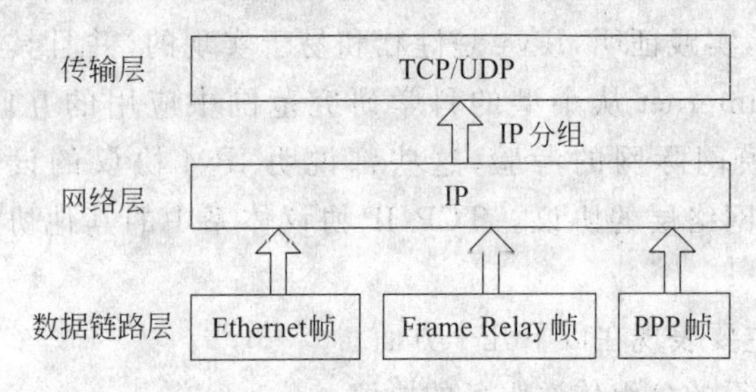

图 4-7　使用 IP 分组屏蔽不同网络帧结构的差异

2. IP 协议的发展

描述 IPv4 协议的最早版本 RFC791 是 1981 年公布的，那个时候 Internet 规模很小，计算机网络主要用于科研与部分参与研究的大学，在这样的背景下产生的 IPv4 协议，不可能适应以后 Internet 网络的规模的扩大和应用范围的扩张，因此修改和完善是必然的。凡事都有一个限度，当 Internet 规模扩大到一定程度时，部分的修改和完善开始显得无济于事时，最终人们不得不期待着用一种新的网络层协议，去解决 IPv4 协议面临的困难，这个新的协议就是 IPv6 协议。这是一个很自然的技术发展轨迹。网络技术人员需要了解和认识这个规律，同时才能够在新的形势下，确定自己研究的领域与技术。

IPv4 协议发展的过程可以从不变和变化的两个部分去认识。IPv4 协议中对于分组结构与分组头结构的基本定义是不变的；变化的部分可以从 IP 地址处理方法、分组交付需要的路由算法与路由协议，以及为提高协议的可靠性、服务能力与安全角度增加的补充协议等三个部分。IPv4 协议最初只对 IP 分组格式、标准分类的 IP 地址与分组提交方式进行了规定，其余的部分基本上是在应用过程中，针对存在的问题，从不断完善协议与提高服务质量的角度进行补充的结果。当网络的规模继续扩大，应用继续深入，这些补充协议已经不能从根本上解决问题时，就需要彻底考虑重新设计新的协议，这就导致 IPv6 协议的研究与应用。本章讨论中凡是没有特殊强调的，所有 IP 协议与 IP 地址是指 IPv4 协议与 IPv4 地址。

4.2.2 IPv4 地址与地址技术的发展

1. 什么是 IP 地址

与接入电话网的电话相似，每台接入 Internet 的计算机、路由器都必须有一个由授权机构分配的号码，我们将它称为 IP 地址。我们知道，如果作者所在的网络实验室电话号码为 23508917，实验室所在的地区号为 022，而我国的电话区号为 086。那么，完整的表述南开大学计算机系网络实验室的电话号码应该是：086-022-23508917。这个电话号码在全世界都是唯一的。这是一种很典型的分层结构的电话号码定义方法。

同样，IP 地址也是采用分层结构。IP 地址是由网络号与主机号两部分组成，其结构如图 4-8 所示。其中，网络号用来标识一个逻辑网络，主机号用来标识网络中的一台主机。一台 Internet 主机至少有一个 IP 地址，而且这个 IP 地址是全网唯一的。如果一台 Internet 主机有两个或多个 IP 地址，则该主机属于两个或多个逻辑网络。

图 4-8 IP 地址的结构

2. 标准的 IPv4 分类地址

点分十进制的表示方法

IPv4 的地址长度为 32 位，用点分十进制(dotted decimal)表示。通常采用 $x.x.x.x$ 的格式来表示，每个 x 为 8 位。例如，202.113.29.119，每个 x 的值为 0～255。

理解 IP 地址结构，掌握 IP 地址表示方法，首先是要掌握二进制与十进制数值的转换。

(1) 二进制与十进制数值的转换

表 4-2 是二进制与十进制数值的转换表，这是 IP 地址计算的基础。

表 4-2 二进制与十进制数值的转换表

2^7	2^6	2^5	2^4	2^3	2^2	2^1	2^0
128	64	32	16	8	4	2	1

(2) 对应 255 的二进制数

根据表 4-3，用点分十进制(dotted decimal)表示的 IP 地址可以表示为 $x.x.x.x$ 的格式，每个 x 为 8 位。如表 4-2 所示，x 的值为 255，那么对应的二进制数为 11111111。即

$$255=1\times128+1\times64+1\times32+1\times16+1\times8+1\times4+1\times2+1\times1$$

表 4-3 对应 255 的二进制数表格

2^7	2^6	2^5	2^4	2^3	2^2	2^1	2^0
128	64	32	16	8	4	2	1
1	1	1	1	1	1	1	1

(3) 将二进制数转换成十进制数

表 4-4 给出了二进制数 11000000 的二进制表。根据该表我们可以方便地计算出对

应的十进制数：

$$1\times128+1\times64+0\times32+0\times16+0\times8+0\times4+0\times2+0\times1=192$$

表 4-4　二进制数 11000000 的二进制表格

2^7	2^6	2^5	2^4	2^3	2^2	2^1	2^0
128	64	32	16	8	4	2	1
1	1	0	0	0	0	0	0

(4) 十进制数转换成二进制数

表 4-5 给出了十进制数 202 的二进制数转换表。

表 4-5　十进制数 202 的二进制数表格

2^7	2^6	2^5	2^4	2^3	2^2	2^1	2^0
128	64	32	16	8	4	2	1
1	1	0	0	1	0	1	0

利用表 4-5 将十进制数 202 转换为二进制数：

$$202=1\times128+1\times64+0\times32+0\times16+1\times8+0\times4+1\times2+0\times1$$

从最简单的方法计算，那就是 202 大于 128，首先将 202－128＝74；74 比 64 大，再将 74－64＝10；10 比 32、16 小，比 8 大，因此再将 10－8＝2；显然，2－2＝0。我们可以通过这种方法判断，如果用 8 位的二进制数表示 202，那么我们就可以根据简单的计算，确定对应 2^7 位、2^6 位、2^3 位与 2^1 位的值为 1，其余的位值为 0。这样，十进制数 202 可以用二进制数表示为 11001010。

根据不同的取值范围，IP 地址分为五类。IP 地址中的前 5 位用于标识 IP 地址的类别，A 类地址的第一位为“0”，B 类地址的前两位为“10”，C 类地址的前三位为“110”，D 类地址的前四位为“1110”，E 类地址的前五位为“11110”。其中，A 类、B 类与 C 类地址为基本的三类 IP 地址。对于 A 类 IP 地址，其网络号长度为 7 位，主机号长度为 24 位。在不同的场合，有时我们需要用十进制数表示 IP 地址，有时候也希望用二进制来表示 IP 地址。不过它们的转换方法是相同的。

3. 实际可以用于分配的网络号与主机号的数量

直接广播地址、受限广播地址、“这个网络上的特定主机”地址与回送地址等特殊 IP 地址的存在，决定了实际可以用于分配的各类网络号与主机号的数量。由于网络地址号与主机号为全 0 和全 1(用十进制表示为 0 与 127)的地址需要保留用于特殊目的，因此根据不同的情况，所以实际可以用来定义网络号与主机号数量可能要比理论值少 2。

1) A 类网络

A 类网络的网络号长度为 7 位，因此网络号从理论上应该有 $2^7=128$。如图 4-9 所示，A 类网络的网络号长度为 7 位全为 0(计入第 1 位的 0，共 8 位全为 0)的 IP 地址是“这个网络上的特定主机地址”的特殊 IP 地址；而 A 类网络的网络号长度为 7 位全为 1(即为网络号为 127)的地址也为“回送地址”的特殊 IP 地址，这两个特殊 IP 地址不能被分配，因此除去网络号为全 0 和全 1(用十进制表示为 0 与 127)的两个地址保留用于特殊目的，实际可以用来定义 A 类地址的网络号只有 $2^7-2=126$ 个(如图 4-9 所示)。

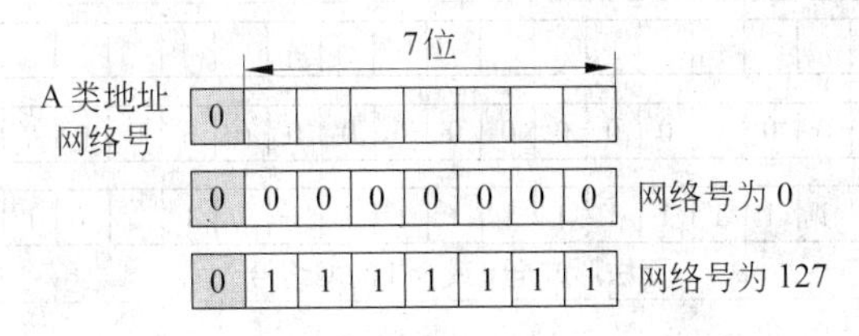

图 4-9　A 类地址的网络号

A 类网络主机号长度为 24 位,如果一个单位获得了一个完整的 A 类网络地址分配权,那么从理论上说他可用来分配的主机号数量为 $2^{24}=16777216$。由于主机号为全 0 和全 1 的两个地址保留用于特殊目的,因此实际一个 A 类网络最多允许分配 $2^{24}-2=16777214$ 个主机号。

A 类地址是从 1.0.0.0 至 127.255.255.255。

2) B 类地址

B 类网络的网络号长度为 14 位,网络号为 $2^{14}=16384$。如图 4-10 所示,对于 B 类 IP 地址,其网络号无法形成全 0 或全 1 的情况,不存在减 2 的问题,因此允许被分配的 B 类网络号为 16384 个(如图 4-10 所示)。

图 4-10　B 类地址网络号

B 类地址的主机号长度为 16 位,因此每个 B 类网络可以有 $2^{16}=65536$ 个主机号。但是,主机号为全 0 和全 1 的两个地址保留用于特殊目的,因此实际上一个 B 类 IP 地址允许分配的主机号为 65534 个。

B 类 IP 地址范围是 128.0.0.0～191.255.255.255。

3) C 类地址

对于 C 类 IP 地址,网络号长度为 21 位,主机号长度为 8 位。由于网络号长度为 21 位,因此允许有 $2^{21}=2097152$ 个不同的 C 类网络号。对于 C 类 IP 地址,其网络号无法形成全 0 或全 1 的情况,不存在减 2 的问题,因此允许被分配的 C 类网络号为 2097152 个(如图 4-11 所示)。

由于主机号长度为 8 位,因此每个 C 类网络的主机号数最多为 $2^8=256$ 个。同样,主机号为全 0 和全 1 的两个地址保留用于特殊目的,因此实际上一个 C 类 IP 地址允许分配的主机号为 254 个。C 类 IP 地址范围是 192.0.0.0～223.255.255.255。

4) D 类与 E 类地址

D 类 IP 地址从 224.0.0.0 至 239.255.255.255。D 类 IP 地址用于其他特殊的用途,

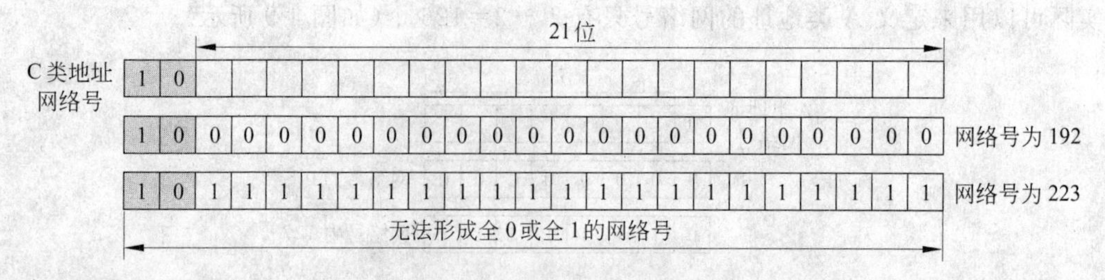

图 4-11 C类 IP 地址范围

如多播(multicasting)。

E类 IP 地址暂时保留,它是从 240.0.0.0 至 255.255.255.255。E类地址用于某些实验和将来使用。

标准分类的 IP 地址范围如图 4-12 所示。

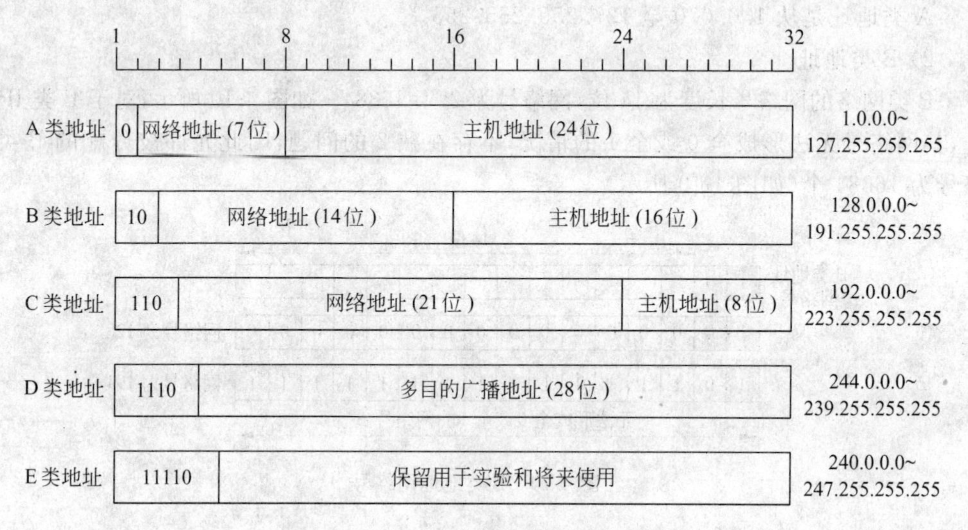

图 4-12 标准分类 IP 的地址范围

4. IP 地址的申请与管理

Internet 上最高一级的维护机构为网络信息中心,它负责分配最高级的 IP 地址。它授权给下一级的申请成为 Internet 网点的网络管理中心,每个网点组成一个自治系统。网络信息中心只给申请成为新网点的组织分配 IP 地址的网络地址,主机号则由申请的组织自己来分配和管理。自治域系统负责自己内部网络的拓扑结构、地址建立与刷新。这种分层管理的方法能够有效地防止 IP 地址的冲突。使用 IP 地址的网络可以分为两种情况:一种是要将自己的网络接入 Internet;另一种网络运行 TCP/IP 协议,但是它是内部网络,并不直接连入到 Internet。

1) 申请 IP 地址

目前人们组建的大部分网络都是要连接到 Internet 的,这时组建网络的组织就需要根据网络的结构与规模,申请 A 类、B 类或 C 类的 IP 地址。当一个组织被批准获得一个 IP 地址,实际上他是得到了一个唯一的网络号。例如,如果一个校园网的管理人员申请